아름다운샘 A~ssam 내신 FINAL

고2 수학 I

출제범위

기말고사 10회 사인법칙 - 수열의 귀납적 정의

부록 삼각함수의 뜻과 그래프, 수학적 귀납법

선생님! 제발 복사는~~T_T

교재의 문항에 대한 저작권을
지켜주시기를 간곡히 부탁드립니다.
바른 교육을 받고 성장한 학생들이
명예로운 사회를 만듭니다~ ♥

동영상 강의는 아샘 협력학원 선생님들의 강의를
제공받아 유튜브(아샘 채널)에 업로드하였습니다.

이 책의 **구성**

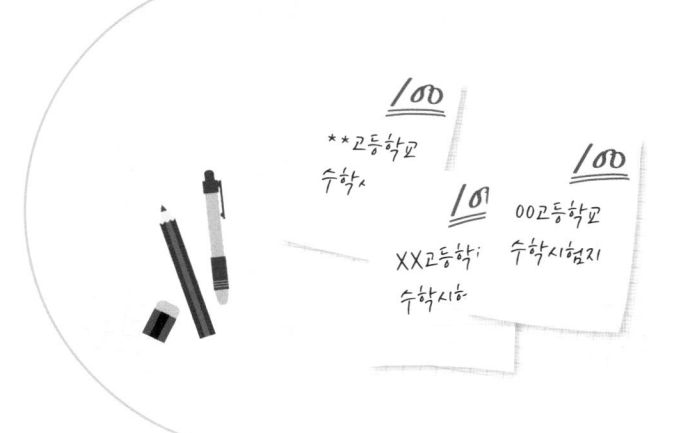

이것만 풀면 1등급~♬

전국 고등학교의 수학 시험지를 분석,
꼭 출제되는 중요 문항만을 선별하여
내신 시험을 책임질 수 있도록 만든

기말고사 예상문제지!!!

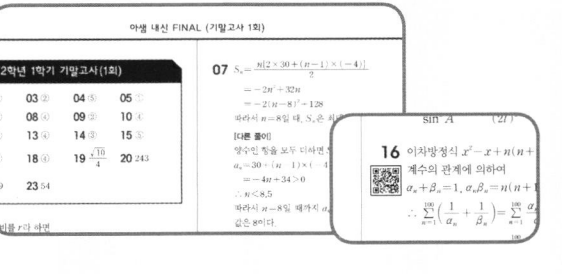

문항정보표 기말고사 1회~10회와 부록에 수록된 모든 문항에 대하여 내용영역, 난이도 등의 정보를 제공하였습니다. 또한 어려운 문항에는 동영상 강의를 제공하였고 이를 표시하였습니다. 동영상 강의는 해설의 QR코드로 접속하실 수 있습니다.

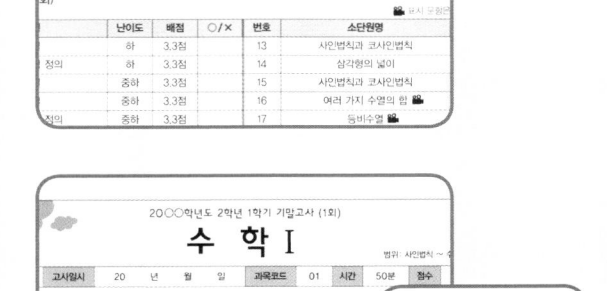

기말고사 1회~10회 1회당 23문항(객관식 18문항, 서술형 주관식 5문항)으로 구성하였습니다. 1회~8회의 문항은 학교 시험의 평균 난이도로 맞추었으며 9회~10회는 좀 더 난이도를 높여 구성하였습니다. 또한 OMR카드를 제공하여 객관식 문항 표기를 연습할 수 있도록 하였습니다.

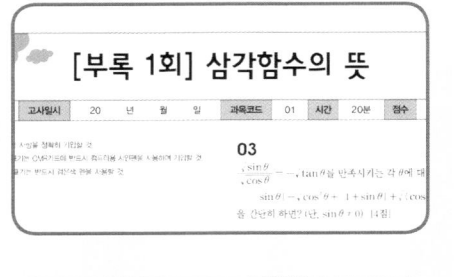

[부록] 삼각함수의 뜻과 그래프/수학적 귀납법 1학기 기말고사 범위에 삼각함수의 뜻/삼각함수의 그래프/수학적 귀납법이 포함된 학교 학생들을 위하여 삼각함수의 뜻 1회, 삼각함수의 그래프 2회, 수학적 귀납법 1회를 추가로 구성하였으며 각 회별 8문항씩 수록하였습니다.

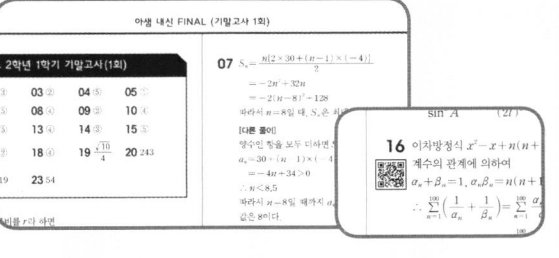

정답 및 해설 문항별 정답과 풀이를 제공하고 동영상 강의가 있는 문항에는 QR코드를 제공하여 교재의 풀이를 이해하지 못한 학생들이 유튜브-아름다운샘 채널에서 제공된 동영상 강의를 볼 수 있도록 하였습니다.

새 교육과정 기본서

수학의 샘

가장 명쾌하게 설명한 **대한민국 대표 개념기본서!**

●●● 이해하기 쉬운 최고의 수학 기본서!

수학의 샘 Spring of mathematics 수학(상)
이창주 지음

아름다운샘

[전 7권] 수학(상), 수학(하), 수학Ⅰ, 수학Ⅱ, 확률과 통계, 미적분, 기하

🐦 강남인강 동영상 강의

수학(상)	수학(하)	수학Ⅰ
정준교 선생님	**정현경** 선생님	**정준교** 선생님
수학Ⅱ	확률과 통계	미적분
전준홍 선생님	**정준교** 선생님	**서지나** 선생님

새 교육과정 문제기본서

아름다운샘 A~ssam

Hi 시리즈

(기본+유형), (유형+심화)로 구성된 **수준별 문제기본서!**

[Hi Math] 수학(상), 수학(하), 수학Ⅰ, 수학Ⅱ, 확률과 통계, 미적분, 기하
[Hi High] 수학(상), 수학(하), 수학Ⅰ, 수학Ⅱ, 확률과 통계, 미적분

기본기를 다지는 **문제기본서** [기본+유형]

아름다운샘 A~ssam **Hi Math**

최상위권 유형별 **문제기본서** [유형+심화]

아름다운샘 A~ssam **Hi High**

고등 수학(상)

이창주 지음

학년	반	번호	과목코드	아이샘 A-ssam	성명		과목		년 월 일	감독

제 회 1학기 기말고사

정 정 확 인

문항 1 2 3 4 5 / 문항 1 2 3 4 5 / 문항 1 2 3 4 5 / 문항 1 2 3 4 5 / 문항 1 2 3 4 5

공결 · 병결 · 상고 · 무단 · 부정 · 기타

문항번호 ( ) ( )번을 ( )번으로 정정
감독확인 (인)

문항 정보표

■ 2학년 1학기 기말고사(1회)

번호	소단원명	난이도	배점	○/×	번호	소단원명	난이도	배점	○/×
1	등비수열	하	3.3점		13	사인법칙과 코사인법칙	중상	4점	
2	수열의 귀납적 정의	하	3.3점		14	삼각형의 넓이	중상	4점	
3	등차수열	중하	3.3점		15	사인법칙과 코사인법칙	중상	4점	
4	등차수열	중하	3.3점		16	여러 가지 수열의 합 📹	중상	4점	
5	수열의 귀납적 정의	중하	3.3점		17	등비수열 📹	상	4점	
6	등비수열의 합	중하	3.3점		18	등차수열의 합 📹	상	4점	
7	등차수열의 합	중하	3.7점		19	사인법칙과 코사인법칙	중하	6점	
8	합의 기호 $\sum$	중하	3.7점		20	등비수열의 합	중상	6점	
9	합의 기호 $\sum$	중하	3.7점		21	여러 가지 수열의 합	중상	6점	
10	사인법칙과 코사인법칙	중하	3.7점		22	여러 가지 수열의 합 📹	상	8점	
11	등차수열의 합	중하	3.7점		23	수열의 귀납적 정의 📹	상	8점	
12	사인법칙과 코사인법칙	중상	3.7점						

■ 2학년 1학기 기말고사(2회)

번호	소단원명	난이도	배점	○/×	번호	소단원명	난이도	배점	○/×
1	등비수열	하	3.3점		13	수열의 귀납적 정의	중상	4점	
2	수열의 귀납적 정의	하	3.3점		14	등차수열	중상	4점	
3	수열의 귀납적 정의	하	3.3점		15	여러 가지 수열의 합	중상	4점	
4	합의 기호 $\sum$	중하	3.3점		16	등차수열의 합 📹	상	4점	
5	자연수의 거듭제곱의 합	중하	3.3점		17	삼각형의 넓이 📹	상	4점	
6	사인법칙과 코사인법칙	중하	3.3점		18	합의 기호 $\sum$ 📹	최상	4점	
7	사인법칙과 코사인법칙	중하	3.7점		19	등차수열	중하	6점	
8	삼각형의 넓이	중상	3.7점		20	사인법칙과 코사인법칙	중상	6점	
9	수열의 귀납적 정의	중상	3.7점		21	등비수열의 합	중상	6점	
10	자연수의 거듭제곱의 합	중상	3.7점		22	수열의 귀납적 정의 📹	상	8점	
11	등비수열	중상	3.7점		23	등차수열의 합 📹	최상	8점	
12	등비수열의 합	중상	3.7점						

■ 2학년 1학기 기말고사(3회)

번호	소단원명	난이도	배점	○/×	번호	소단원명	난이도	배점	○/×
1	수열의 귀납적 정의	하	3.3점		13	등차수열의 합	중하	4점	
2	등차수열	하	3.3점		14	여러 가지 수열의 합 📹	중상	4점	
3	자연수의 거듭제곱의 합	하	3.3점		15	등차수열의 합	중상	4점	
4	수열의 귀납적 정의	중하	3.3점		16	여러 가지 수열의 합	중상	4점	
5	등비수열의 합	하	3.3점		17	등차수열의 합	중상	4점	
6	사인법칙과 코사인법칙	중하	3.3점		18	등차수열 📹	최상	4점	
7	사인법칙과 코사인법칙	중하	3.7점		19	등비수열	중하	6점	
8	등비수열	중하	3.7점		20	수열의 귀납적 정의 📹	상	6점	
9	등비수열의 합	중하	3.7점		21	사인법칙과 코사인법칙	중상	6점	
10	등비수열의 합	중상	3.7점		22	자연수의 거듭제곱의 합 📹	상	8점	
11	사인법칙과 코사인법칙	중하	3.7점		23	여러 가지 수열의 합 📹	최상	8점	
12	삼각형의 넓이	중상	3.7점						

■ 2학년 1학기 기말고사(4회)

번호	소단원명	난이도	배점	○/×	번호	소단원명	난이도	배점	○/×
1	수열의 귀납적 정의	하	3.3점		13	수열의 귀납적 정의	중상	4점	
2	합의 기호 $\sum$	하	3.3점		14	합의 기호 $\sum$	중상	4점	
3	등비수열	하	3.3점		15	등차수열의 합 🎥	중상	4점	
4	등차수열의 합	중하	3.3점		16	등비수열의 합	중상	4점	
5	등비수열의 합	중하	3.3점		17	등차수열 🎥	상	4점	
6	사인법칙과 코사인법칙	중하	3.3점		18	합의 기호 $\sum$ 🎥	상	4점	
7	삼각형의 넓이	중상	3.7점		19	삼각형의 넓이	중상	6점	
8	등차수열	중하	3.7점		20	등비수열	중하	6점	
9	등비수열의 합	중상	3.7점		21	여러 가지 수열의 합	상	6점	
10	수열의 귀납적 정의	중상	3.7점		22	수열의 귀납적 정의 🎥	상	8점	
11	사인법칙과 코사인법칙	중상	3.7점		23	여러 가지 수열의 합 🎥	최상	8점	
12	사인법칙과 코사인법칙	중상	3.7점						

■ 2학년 1학기 기말고사(5회)

번호	소단원명	난이도	배점	○/×	번호	소단원명	난이도	배점	○/×
1	등차수열	하	3.3점		13	등비수열의 합	중상	4점	
2	합의 기호 $\sum$	하	3.3점		14	수열의 귀납적 정의	중상	4점	
3	등비수열	중하	3.3점		15	수열의 귀납적 정의	중상	4점	
4	수열의 귀납적 정의	중하	3.3점		16	사인법칙과 코사인법칙 🎥	상	4점	
5	등비수열의 합	중하	3.3점		17	자연수의 거듭제곱의 합 🎥	상	4점	
6	사인법칙과 코사인법칙	중하	3.3점		18	여러 가지 수열의 합 🎥	최상	4점	
7	등차수열의 합	중하	3.7점		19	등차수열	중하	6점	
8	등비수열의 합	중하	3.7점		20	사인법칙과 코사인법칙	중상	6점	
9	여러 가지 수열의 합	중하	3.7점		21	등차수열의 합	중상	6점	
10	사인법칙과 코사인법칙	중상	3.7점		22	등차수열의 합 🎥	상	8점	
11	삼각형의 넓이	중상	3.7점		23	여러 가지 수열의 합 🎥	최상	8점	
12	등비수열의 합	중상	3.7점						

■ 2학년 1학기 기말고사(6회)

번호	소단원명	난이도	배점	○/×	번호	소단원명	난이도	배점	○/×
1	삼각형의 넓이	하	3.3점		13	여러 가지 수열의 합	중상	4점	
2	사인법칙과 코사인법칙	중하	3.3점		14	등차수열의 합	중상	4점	
3	수열의 귀납적 정의	중하	3.3점		15	등비수열의 합	중상	4점	
4	수열의 귀납적 정의	중하	3.3점		16	자연수의 거듭제곱의 합 🎥	상	4점	
5	등비수열	중하	3.3점		17	등차수열	상	4점	
6	여러 가지 수열의 합	중하	3.3점		18	등비수열의 합 🎥	최상	4점	
7	수열의 귀납적 정의	중하	3.7점		19	등차수열	중하	6점	
8	등비수열	중상	3.7점		20	사인법칙과 코사인법칙	중상	6점	
9	자연수의 거듭제곱의 합	중상	3.7점		21	등비수열의 합 🎥	상	6점	
10	등차수열의 합	중상	3.7점		22	수열의 귀납적 정의	상	8점	
11	삼각형의 넓이	중상	3.7점		23	여러 가지 수열의 합 🎥	최상	8점	
12	사인법칙과 코사인법칙 🎥	중상	3.7점						

■ 2학년 1학기 기말고사(7회)

번호	소단원명	난이도	배점	○/×	번호	소단원명	난이도	배점	○/×
1	등차수열	하	3.3점		13	합의 기호 ∑	중하	4점	
2	수열의 귀납적 정의	하	3.3점		14	수열의 귀납적 정의	중상	4점	
3	등비수열의 합	하	3.3점		15	등비수열 🎥	상	4점	
4	자연수의 거듭제곱의 합	중하	3.3점		16	수열의 귀납적 정의 🎥	상	4점	
5	수열의 귀납적 정의	중하	3.3점		17	등차수열	중상	4점	
6	등차수열의 합	하	3.3점		18	사인법칙과 코사인법칙 🎥	상	4점	
7	등비수열의 합	중하	3.7점		19	등비수열	중하	6점	
8	사인법칙과 코사인법칙	하	3.7점		20	삼각형의 넓이	중상	6점	
9	사인법칙과 코사인법칙	중상	3.7점		21	여러 가지 수열의 합	중상	6점	
10	사인법칙과 코사인법칙	중상	3.7점		22	등차수열의 합 🎥	상	8점	
11	등차수열의 합	중상	3.7점		23	수열의 귀납적 정의 🎥	최상	8점	
12	등비수열의 합	중상	3.7점						

■ 2학년 1학기 기말고사(8회)

번호	소단원명	난이도	배점	○/×	번호	소단원명	난이도	배점	○/×
1	수열의 귀납적 정의	하	3.3점		13	자연수의 거듭제곱의 합	중상	4점	
2	등차수열의 합	하	3.3점		14	등비수열의 합	중상	4점	
3	등비수열	하	3.3점		15	자연수의 거듭제곱의 합 🎥	상	4점	
4	등비수열	하	3.3점		16	수열의 귀납적 정의	상	4점	
5	등차수열	중하	3.3점		17	등차수열의 합 🎥	상	4점	
6	등비수열	중하	3.3점		18	등비수열의 합 🎥	최상	4점	
7	여러 가지 수열의 합	중하	3.7점		19	자연수의 거듭제곱의 합	중하	6점	
8	삼각형의 넓이	중하	3.7점		20	사인법칙과 코사인법칙	중하	6점	
9	사인법칙과 코사인법칙	중하	3.7점		21	등비수열의 합	중상	6점	
10	사인법칙과 코사인법칙	중상	3.7점		22	여러 가지 수열의 합 🎥	상	8점	
11	사인법칙과 코사인법칙	중상	3.7점		23	수열의 귀납적 정의 🎥	최상	8점	
12	등차수열	중상	3.7점						

■ 2학년 1학기 기말고사(9회)

번호	소단원명	난이도	배점	○/×	번호	소단원명	난이도	배점	○/×
1	등비수열	하	3.3점		13	합의 기호 ∑	중상	4점	
2	등비수열	중하	3.3점		14	등차수열	중상	4점	
3	합의 기호 ∑	중하	3.3점		15	등차수열의 합	중상	4점	
4	등차수열의 합	중하	3.3점		16	합의 기호 ∑ 🎥	상	4점	
5	사인법칙과 코사인법칙	중하	3.3점		17	여러 가지 수열의 합 🎥	상	4점	
6	삼각형의 넓이	중하	3.3점		18	등비수열 🎥	상	4점	
7	삼각형의 넓이	중하	3.7점		19	등차수열	중하	6점	
8	등비수열	중하	3.7점		20	합의 기호 ∑	중상	6점	
9	사인법칙과 코사인법칙	중상	3.7점		21	수열의 귀납적 정의	상	6점	
10	등차수열의 합	중상	3.7점		22	사인법칙과 코사인법칙 🎥	상	8점	
11	수열의 귀납적 정의	중상	3.7점		23	자연수의 거듭제곱의 합 🎥	최상	8점	
12	등차수열	중상	3.7점						

■ 2학년 1학기 기말고사(10회)

번호	소단원명	난이도	배점	○/×	번호	소단원명	난이도	배점	○/×
1	수열의 귀납적 정의	하	3.3점		13	자연수의 거듭제곱의 합	중상	4점	
2	등차수열	하	3.3점		14	수열의 귀납적 정의	중상	4점	
3	등비수열	중하	3.3점		15	등비수열 🎥	중상	4점	
4	자연수의 거듭제곱의 합	중하	3.3점		16	등차수열의 합 🎥	상	4점	
5	수열의 귀납적 정의	중하	3.3점		17	등비수열의 합	상	4점	
6	사인법칙과 코사인법칙	중하	3.3점		18	여러 가지 수열의 합 🎥	상	4점	
7	삼각형의 넓이	중하	3.7점		19	등차수열	중하	6점	
8	사인법칙과 코사인법칙	중하	3.7점		20	등비수열	중상	6점	
9	사인법칙과 코사인법칙	중상	3.7점		21	사인법칙과 코사인법칙 🎥	상	6점	
10	등차수열의 합	중상	3.7점		22	여러 가지 수열의 합	상	8점	
11	여러 가지 수열의 합	중상	3.7점		23	여러 가지 수열의 합 🎥	최상	8점	
12	등차수열의 합	중상	3.7점						

■ [부록 1회] 삼각함수의 뜻

번호	소단원명	난이도	배점	○/×	번호	소단원명	난이도	배점	○/×
1	삼각함수의 뜻	중하	4점		5	삼각함수의 뜻 🎥	중상	5점	
2	삼각함수의 뜻	중하	4점		6	삼각함수의 뜻	중상	5점	
3	삼각함수의 뜻	중상	4점		7	삼각함수의 뜻	중상	6점	
4	삼각함수의 뜻	중상	4점		8	삼각함수의 뜻 🎥	상	8점	

■ [부록 2회] 삼각함수의 그래프

번호	소단원명	난이도	배점	○/×	번호	소단원명	난이도	배점	○/×
1	삼각함수의 그래프	중하	4점		5	삼각함수의 그래프	중상	5점	
2	삼각함수의 그래프	중하	4점		6	삼각함수의 그래프	중상	5점	
3	삼각함수의 그래프	중하	4점		7	삼각함수의 그래프 🎥	상	6점	
4	삼각함수의 그래프	중상	4점		8	삼각함수의 그래프 🎥	상	8점	

■ [부록 3회] 삼각함수의 그래프

번호	소단원명	난이도	배점	○/×	번호	소단원명	난이도	배점	○/×
1	삼각함수의 그래프	중하	4점		5	삼각함수의 그래프 🎥	상	5점	
2	삼각함수의 그래프	중하	4점		6	삼각함수의 그래프	상	5점	
3	삼각함수의 그래프	중상	4점		7	삼각함수의 그래프 🎥	최상	6점	
4	삼각함수의 그래프	중상	4점		8	삼각함수의 그래프	최상	8점	

■ [부록 4회] 수학적 귀납법

번호	소단원명	난이도	배점	○/×	번호	소단원명	난이도	배점	○/×
1	수학적 귀납법	중하	4점		5	수학적 귀납법	중상	5점	
2	수학적 귀납법	중하	4점		6	수학적 귀납법	중상	5점	
3	수학적 귀납법	중하	4점		7	수학적 귀납법 🎥	상	6점	
4	수학적 귀납법	중하	4점		8	수학적 귀납법 🎥	최상	8점	

수 학 I

범위: 사인법칙 ~ 수열의 귀납적 정의

대상	2학년	고사일시	20 년 월 일	과목코드	01	시간	50분	점수	/100점

• 답안지에 필요한 인적 사항을 정확히 기입할 것.
• 객관식 문제의 답안 표기는 OMR카드에 반드시 컴퓨터용 사인펜을 사용하여 기입할 것.
• 주관식 문제의 답안 표기는 반드시 검은색 펜을 사용할 것.

객관식

01

등비수열 $\{a_n\}$에 대하여 $a_3=2$, $a_6=16$일 때, a_9는? [3.3점]

① 128   ② 130   ③ 132

④ 134   ⑤ 136

02

수열 $\{a_n\}$이 $a_1=3$, $a_{n+1}=a_n+4n$ $(n=1, 2, 3, \cdots)$으로 정의될 때, a_5는? [3.3점]

① 31   ② 37   ③ 43

④ 49   ⑤ 55

03

등차수열 2, 6, 10, 14, …에서 처음으로 200보다 커지는 항은 제몇 항인가? [3.3점]

① 제 49항   ② 제 51항   ③ 제 53항

④ 제 55항   ⑤ 제 57항

04

등차수열 $\{a_n\}$에 대하여 $a_9=7a_5$, $a_3+a_7=4$일 때, a_{19}는?

[3.3점]

① 36   ② 38   ③ 40

④ 42   ⑤ 44

아름다운샘

05

수열 $\{a_n\}$이

$$a_1=2,\ a_2=5,\ 2a_{n+1}=a_n+a_{n+2}\ (n=1,\,2,\,3,\,\cdots)$$

로 정의될 때, $\sum\limits_{k=1}^{10} a_k$의 값은? [3.3점]

① 155   ② 157   ③ 159

④ 161   ⑤ 163

06

등비수열 $\{a_n\}$에서 $a_1=1$, $a_6=4$일 때, 첫째항부터 제n항까지의 합 S_n에 대하여 $\dfrac{S_{20}}{S_{10}}$의 값은? [3.3점]

① 13   ② 15   ③ 17

④ 19   ⑤ 21

07

첫째항이 30, 공차가 -4인 등차수열의 첫째항부터 제n항까지의 합을 S_n이라 할 때, S_n이 최대가 되는 n의 값은? [3.7점]

① 4   ② 5   ③ 6

④ 7   ⑤ 8

08

$\sum\limits_{k=1}^{10} a_k=16$, $\sum\limits_{k=1}^{5} a_{2k}=7$일 때, $\sum\limits_{k=1}^{5} a_{2k-1}$의 값은? [3.7점]

① 3   ② 5   ③ 7

④ 9   ⑤ 11

09

두 수열 $\{a_n\}$, $\{b_n\}$이

$$\sum_{k=1}^{10}(a_k+b_k)=140,\quad \sum_{k=1}^{10}(3a_k-2b_k)=40$$

을 만족시킬 때, $\sum_{k=1}^{10}(2a_k-b_k)$의 값은? [3.7점]

① 50　　　　② 52　　　　③ 54
④ 56　　　　⑤ 58

10

삼각형 ABC에서 $\overline{AB}=2\sqrt{5}$, $\overline{CA}=2\sqrt{2}$, $C=45°$일 때, 변 BC의 길이는? [3.7점]

① $\sqrt{30}$　　　② $4\sqrt{2}$　　　③ $\sqrt{34}$
④ 6　　　　⑤ $\sqrt{38}$

11

수열 -42, a_1, a_2, a_3, $\cdots$, a_n, 12가 등차수열을 이루고, $a_1+a_2+a_3+\cdots+a_n=-150$일 때, n의 값은? [3.7점]

① 10　　　　② 11　　　　③ 12
④ 13　　　　⑤ 14

12

그림과 같이 원 모양의 연못의 가장 자리에 세 지점 A, B, C가 있다.
$\overline{AB}=80\,\text{m}$, $\overline{AC}=100\,\text{m}$,
$\angle CAB=60°$일 때, 이 연못의 넓이는?
[3.7점]

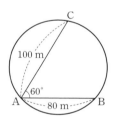

① $2400\pi\,\text{m}^2$　　② $2500\pi\,\text{m}^2$
③ $2600\pi\,\text{m}^2$　　④ $2700\pi\,\text{m}^2$
⑤ $2800\pi\,\text{m}^2$

13

삼각형 ABC에서 $a : b : c = 3 : 5 : 7$일 때, A, B, C 중 최대각의 크기는? [4점]

① $60°$ ② $80°$ ③ $100°$

④ $120°$ ⑤ $140°$

14

그림과 같은 사각형 ABCD의 넓이가 $a\sqrt{3} + b\sqrt{5}$일 때, ab의 값은? (단, a, b는 유리수이다.)

[4점]

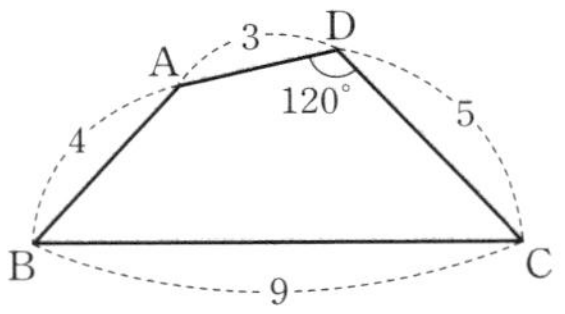

① $\dfrac{43}{2}$ ② 22 ③ $\dfrac{45}{2}$

④ 23 ⑤ $\dfrac{47}{2}$

15

삼각형 ABC에서 $(a+b) : (b+c) : (c+a) = 5 : 7 : 6$일 때, $\dfrac{\sin B \sin C}{\sin^2 A}$의 값은? [4점]

① $\dfrac{1}{6}$ ② $\dfrac{1}{3}$ ③ $\dfrac{1}{2}$

④ 2 ⑤ 3

16

이차방정식 $x^2 - x + n(n+1) = 0$의 두 근을 α_n, β_n이라 할 때, $\displaystyle\sum_{n=1}^{100} \left(\dfrac{1}{\alpha_n} + \dfrac{1}{\beta_n} \right)$의 값은? [4점]

① $\dfrac{1}{101}$ ② $\dfrac{99}{100}$ ③ $\dfrac{100}{101}$

④ $\dfrac{102}{101}$ ⑤ $\dfrac{101}{100}$

17

삼각형의 세 내각의 크기를 a, b, c라 할 때, a, b, c가 이 순서대로 공차가 양수인 등차수열을 이루고, b, $3a$, $3c$가 이 순서대로 등비수열을 이룬다. 이때, 제일 작은 각의 크기 a의 값은?

[4점]

① 30°   ② 40°   ③ 50°

④ 60°   ⑤ 70°

18

수열 $\{a_n\}$의 첫째항부터 제n항까지의 합 S_n에 대하여 $S_n = 6n^2 + kn$일 때, 수열 $\{a_n\}$은 공차가 k인 등차수열을 이룬다고 한다. 수열 $\{a_n\}$의 첫째항은? [4점]

① 12   ② 14   ③ 16

④ 18   ⑤ 20

※ 다음은 서술형 문제입니다. 서술형 답안지에 풀이 과정과 답을 정확하게 서술하시오.

서술형 주관식

19

그림과 같이 삼각형 ABC에서 $\overline{AB} = 8$, $\overline{AC} = 4\sqrt{2}$, $\angle C = 60°$ 일 때, $\cos B$의 값을 구하시오.

[6점]

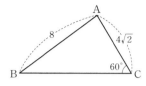

20

등비수열 $\{a_n\}$의 첫째항부터 제10항까지의 합이 27, 제11항부터 제20항까지의 합이 81일 때, 제21항부터 제30항까지의 합을 구하시오. [6점]

21

$\sum\limits_{k=1}^{10} \dfrac{(2k+1)^2}{k(k+1)}$ 의 값을 구하시오. [6점]

22

$f(x)=\dfrac{1}{\sqrt{x+2}+\sqrt{x+1}}$ 을 만족하는 $f(x)$에 대하여

$\sum\limits_{k=0}^{n} f(k)=g(n)$ 이다. $1\leq n\leq 400$일 때, $g(n)$이 정수가 되게

하는 자연수 n의 개수를 구하시오. [8점]

23

두 수열 $\{a_n\}$, $\{b_n\}$을 다음과 같이 정의한다. (단, $n=1,\,2,\,3,\,\cdots$)

> (가) $a_n=\dfrac{1}{9}(10^n-1)$
>
> (나) $b_1=1,\ b_{n+1}=b_n+a_{n+1}$

a_9와 b_9의 각 자리의 숫자의 합을 각각 a, b라 할 때, $a+b$의 값을 구하시오. [8점]

수 학 I

범위: 사인법칙 ~ 수열의 귀납적 정의

| 대상 | 2학년 | 고사일시 | 20 년 월 일 | 과목코드 | 02 | 시간 | 50분 | 점수 | /100점 |

- 답안지에 필요한 인적 사항을 정확히 기입할 것.
- 객관식 문제의 답안 표기는 OMR카드에 반드시 컴퓨터용 사인펜을 사용하여 기입할 것.
- 주관식 문제의 답안 표기는 반드시 검은색 펜을 사용할 것.

객관식

01

두 수 3과 -81 사이에 두 실수 a, b를 넣어 3, a, b, -81이 이 순서대로 등비수열을 이루도록 할 때, $a+b$의 값은? [3.3점]

① 15   ② 16   ③ 17

④ 18   ⑤ 19

02

$a_1=2$, $a_{n+1}=2a_n$ $(n=1, 2, 3, \cdots)$으로 정의된 수열 $\{a_n\}$에서 $a_1+a_2+a_3+\cdots+a_8$의 값은? [3.3점]

① 508   ② 510   ③ 512

④ 514   ⑤ 516

03

$\begin{cases} a_1=1 \\ a_{n+1}=a_n+n^2 \end{cases}$ $(n=1, 2, 3, \cdots)$으로 정의된 수열 $\{a_n\}$에서 a_5는? [3.3점]

① 29   ② 31   ③ 33

④ 35   ⑤ 37

04

함수 $f(x)$가 $f(10)=40$, $f(1)=5$를 만족시킬 때,

$$\sum_{k=1}^{9} f(k+1) - \sum_{k=2}^{10} f(k-1)$$

의 값은? [3.3점]

① 25   ② 30   ③ 35

④ 40   ⑤ 45

05

등차수열 $\{a_n\}$에 대하여 $a_2=-2$, $a_5=7$일 때, $\sum\limits_{k=1}^{10} a_{2k+1}$의 값은?

[3.3점]

① 240 ② 250 ③ 260
④ 270 ⑤ 280

06

그림과 같이 $\triangle ABC$에서
$\overline{AC}=4$, $\overline{BC}=8$, $\angle C=60°$
일 때, $\cos A$의 값은? [3.3점]

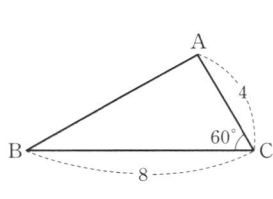

① $-\dfrac{\sqrt{3}}{2}$　　② $-\dfrac{1}{2}$

③ 0　　④ $\dfrac{1}{2}$

⑤ $\dfrac{\sqrt{3}}{2}$

07

그림과 같이 $\overline{AB}=80\,\text{m}$인 두 지점 A, B에서 강 건너 C지점을 바라본 각의 크기를 재었더니 $\angle BAC=60°$, $\angle ABC=75°$이었다. 이때, 두 점 B, C 사이의 거리는? [3.7점]

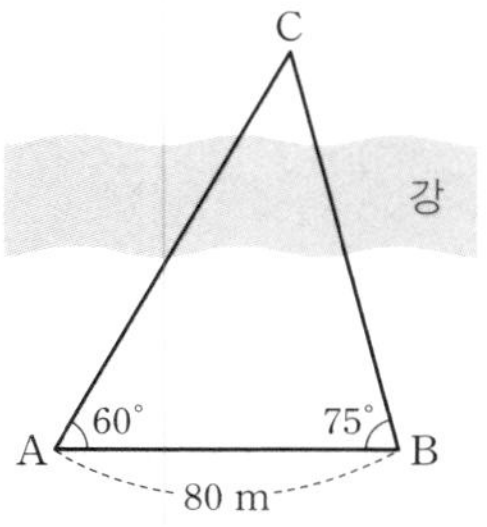

① $40\sqrt{2}\,\text{m}$　　② $80\,\text{m}$
③ $40\sqrt{6}\,\text{m}$　　④ $80\sqrt{2}\,\text{m}$
⑤ $80\sqrt{6}\,\text{m}$

08

원에 내접하는 사각형 ABCD에서
$\overline{AB}=5$, $\overline{BC}=3$, $\overline{CD}=3$,
$\angle B=60°$일 때, 사각형 ABCD의 넓이는? [3.7점]

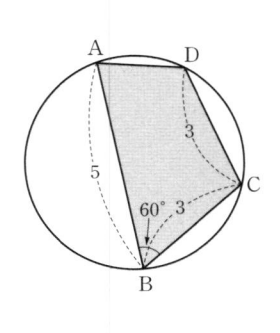

① $\dfrac{21\sqrt{3}}{4}$　　② $\dfrac{21\sqrt{6}}{4}$

③ $\dfrac{23\sqrt{3}}{4}$　　④ $\dfrac{23\sqrt{6}}{4}$

⑤ $\dfrac{25\sqrt{3}}{4}$

09

수열 $\{a_n\}$에 대하여 $a_1=3$, $a_2=9$이고

$\log_2 a_n - 2\log_2 a_{n+1} + \log_2 a_{n+2} = 0$ $(n=1, 2, 3, \cdots)$이

성립할 때, a_5는? [3.7점]

① 27   ② 81   ③ 162

④ 243   ⑤ 486

10

수열 $\{a_n\}$에 대하여 $\sum\limits_{k=1}^{n} a_k = n^2 + 3n$일 때, $\sum\limits_{k=1}^{5} k a_{2k}$의 값은?

[3.7점]

① 230   ② 235   ③ 240

④ 245   ⑤ 250

11

등비수열 $\{a_n\}$에 대하여 $a_1+a_2+a_3=2$, $a_4+a_5+a_6=8$일 때, $a_7+a_8+a_9$의 값은? [3.7점]

① 30   ② 32   ③ 34

④ 36   ⑤ 38

12

등비수열 $\{a_n\}$에 대하여

$$a_3=24, \ a_6 a_9 = 3a_{15}$$

일 때, $a_1+a_3+a_5+a_7+a_9+a_{11}$의 값은? [3.7점]

① $2^{12}-1$ ② $2^{13}-2$ ③ $2^{13}-1$

④ $3\times2^{12}-2$ ⑤ $3\times2^{13}-1$

13

모든 자연수 n에 대하여 수열 $\{a_n\}$은 다음 조건을 만족시키고, $a_1 = 1$이다.

> (가) $a_{2n} = 2a_n - 1$
> (나) $a_{2n+1} = 2a_n + 1$

$a_{127} + a_{128}$의 값은? [4점]

① 116   ② 120   ③ 124

④ 128   ⑤ 132

14

공차가 양수인 등차수열 $\{a_n\}$이 다음 조건을 만족시킬 때, a_3은? [4점]

> (가) $a_6 + a_8 = 0$
> (나) $|a_6| = |a_7| + 4$

① -16 ② -14 ③ -12

④ -10 ⑤ -8

15

첫째항이 2이고, 각 항이 양수인 수열 $\{a_n\}$의 첫째항부터 제n항까지의 합을 S_n이라 하자. $\displaystyle\sum_{k=1}^{10} \frac{a_{k+1}}{S_k S_{k+1}} = \frac{1}{6}$일 때, S_{11}의 값은?

[4점]

① 3   ② 4   ③ 5

④ 6   ⑤ 7

16

공차가 2인 등차수열 $\{a_n\}$에서
$$a_1 + a_2 + a_3 + \cdots + a_{2000} = 20$$
일 때, $a_2 + a_4 + a_6 + \cdots + a_{2000}$의 값은? [4점]

① -1010 ② -1000 ③ 0

④ 1000   ⑤ 1010

17

내접원의 반지름의 길이와 외접원의 반지름의 길이가 각각 3, 6인 삼각형 ABC의 넓이가 $27\sqrt{3}$일 때, $\sin A + \sin B + \sin C$의 값은? [4점]

① $\dfrac{\sqrt{3}}{2}$　　　　② $\sqrt{3}$　　　　③ $\dfrac{3\sqrt{3}}{2}$

④ $2\sqrt{3}$　　　　⑤ $\dfrac{5\sqrt{3}}{2}$

18

수열 $\{a_n\}$에 대하여 $a_1 + a_2 + \cdots + a_n = 10n - n^2 \,(n = 1, 2, 3, \cdots)$이 성립할 때, $\displaystyle\sum_{k=1}^{25} |a_k|$의 값은? [4점]

① 410　　　　② 415　　　　③ 420

④ 425　　　　⑤ 430

※ 다음은 서술형 문제입니다. 서술형 답안지에 풀이 과정과 답을 정확하게 서술하시오.

서술형 주관식

19

세 수 $2k-5$, k^2-1, $2k+3$이 이 순서대로 등차수열을 이룰 때, 모든 실수 k의 값의 합을 구하시오. [6점]

20

삼각형 ABC에서 $b\cos A - a\cos B = c$가 성립하는 삼각형은 어떤 삼각형인지 구하시오.

(단, 세 변 BC, CA, AB의 길이를 각각 a, b, c라 한다.) [6점]

21

첫째항이 2, 공비가 $\sqrt{3}$인 등비수열 $\{a_n\}$에서 첫째항부터 제n항까지의 합을 S_n이라 할 때, $\dfrac{a_{10}-a_9}{S_{10}-S_8}+\dfrac{S_5-S_3}{a_5-a_4}$ 의 값을 구하시오. [6점]

22

수열 $\{a_n\}$이 다음 두 조건을 만족한다.

> ㈎ $a_{10}=3$, $a_{15}=5$
> ㈏ 모든 자연수 n에 대하여 $a_n+a_{n+1}+a_{n+2}=10$

이때, $a_{2000}+a_{2003}+a_{2006}$의 값을 구하시오. [8점]

23

첫째항이 a이고, 공차 d가 자연수인 등차수열 $\{a_n\}$에 대하여 $f(n)$, $g(n)$이 다음과 같다.

$$f(n)=a_2+a_4+\cdots+a_{2n},$$
$$g(n)=a_1+a_3+\cdots+a_{2n-1}$$

자연수 m에 대하여 $f(m)=990$, $g(m)=913$이 성립할 때, $a+d+m$의 값을 구하시오. (단, $2\le d\le m$) [8점]

수 학 I

범위: 사인법칙 ~ 수열의 귀납적 정의

대상	2학년	고사일시	20 년 월 일	과목코드	03	시간	50분	점수	/100점

• 답안지에 필요한 인적 사항을 정확히 기입할 것.

• 객관식 문제의 답안 표기는 OMR카드에 반드시 컴퓨터용 사인펜을 사용하여 기입할 것.

• 주관식 문제의 답안 표기는 반드시 검은색 펜을 사용할 것.

객관식

01

수열 $\{a_n\}$을

$$a_1 = 4,\ a_{n+1} = 2a_n\,(n = 1,\ 2,\ 3,\ \cdots)$$

으로 정의할 때, $a_{10} = 2^k$이다. 상수 k의 값은? [3.3점]

① 10   ② 11   ③ 12

④ 13   ⑤ 14

02

등차수열 $\{a_n\}$이 $a_3 = 7$, $a_6 = 16$을 만족시킬 때, a_{20}의 값은?

[3.3점]

① 56   ② 58   ③ 60

④ 62   ⑤ 64

03

$\sum\limits_{k=1}^{n}(2k-2)=240$을 만족시키는 자연수 n의 값은? [3.3점]

① 13   ② 14   ③ 15

④ 16   ⑤ 17

04

수열 $\{a_n\}$이 $a_1 = 2$, $a_n + a_{n+1} = n$ $(n = 1,\ 2,\ 3,\ \cdots)$으로 정의될 때, a_{31}은? [3.3점]

① 13   ② 14   ③ 15

④ 16   ⑤ 17

아름다운 샘

05

수열 $\{a_n\}$의 첫째항부터 제 n항까지의 합 S_n이 $S_n=2^n+4$일 때, a_{10}은? [3.3점]

① 2^{10} ② 3×2^9 ③ 2^9

④ 2×3^9 ⑤ 2×3^{10}

06

$\triangle ABC$에서 $\overline{AB}=6\sqrt{3}$, $\overline{CA}=6$, $\angle C=60°$일 때, $\angle B$의 크기는? [3.3점]

① $30°$ ② $40°$ ③ $45°$

④ $50°$ ⑤ $60°$

07

직접 거리를 측정할 수 없는 두 건물 A, B 사이의 거리를 알아보기 위하여 그림과 같이 C지점에서 측정한 결과 $\overline{AC}=2\,km$, $\overline{BC}=3\,km$, $\angle ACB=60°$이었다. 두 건물 A, B 사이의 거리는? [3.7점]

① $\sqrt{6}\,km$ ② $\sqrt{7}\,km$ ③ $2\sqrt{2}\,km$

④ $3\,km$ ⑤ $\sqrt{10}\,km$

08

각 항이 양수인 등비수열 $\{a_n\}$에 대하여 $a_3+a_5=24$, $a_2a_4=64$일 때, a_{11}의 값은? [3.7점]

① 112   ② 116   ③ 120

④ 124   ⑤ 128

09

첫째항이 1, 공비가 3인 등비수열 $\{a_n\}$에 대하여
$a_1 + a_3 + a_5 + \cdots + a_{19}$의 값은? [3.7점]

① $\dfrac{3}{4}(3^{10}-1)$　　② $\dfrac{2}{3}(3^{10}-1)$　　③ $\dfrac{1}{9}(3^{20}-1)$

④ $\dfrac{1}{8}(3^{20}-1)$　　⑤ $\dfrac{1}{4}(3^{20}-1)$

11

그림과 같이 원에 내접하는 사각형
ABCD에 대하여 $\angle ABD = 70°$,
$\angle ADB = 20°$, $\angle BDC = 40°$이고,
$\overline{BD} = 6\sqrt{3}$일 때, 선분 AC의 길이는?
[3.7점]

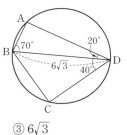

① $3\sqrt{3}$　　② 6　　③ $6\sqrt{3}$

④ 9　　⑤ $9\sqrt{3}$

10

수열 3, a_1, a_2, $\cdots$, a_n, -1536이 등비수열을 이루고, 그 합이
-1023일 때, 공비 r와 자연수 n에 대하여 nr의 값은? [3.7점]

① -16　　② -8　　③ -2

④ 8　　⑤ 16

12

예각삼각형 ABC에서 $\overline{AB}=5$, $\overline{CA}=8$이고 넓이가 12일 때,
삼각형 ABC의 외접원의 반지름의 길이는? [3.7점]

① $\dfrac{11}{6}$　　② $\dfrac{13}{6}$　　③ $\dfrac{25}{6}$

④ $\dfrac{29}{6}$　　⑤ $\dfrac{31}{6}$

13

수열 $24,\ a_1,\ a_2,\ a_3,\ \cdots,\ a_n,\ -44$가 등차수열을 이루고 $a_1+a_2+a_3+\cdots+a_n=-140$일 때, 자연수 n의 값은? [4점]

① 10　　　　② 11　　　　③ 12
④ 13　　　　⑤ 14

14

등차수열 $\{a_n\}$에 대하여 $a_1=2,\ a_2=4$일 때,

$\displaystyle\sum_{k=1}^{15}\dfrac{1}{\sqrt{a_{k+1}}+\sqrt{a_k}}$ 의 값은? [4점]

① $\dfrac{\sqrt{2}}{2}$　　　　② $\sqrt{2}$　　　　③ $\dfrac{3\sqrt{2}}{2}$

④ $2\sqrt{2}$　　　　⑤ $\dfrac{5\sqrt{2}}{2}$

15

첫째항이 6이고 공차가 d인 등차수열 $\{a_n\}$의 첫째항부터 제n항까지의 합을 S_n이라 할 때,

$$\dfrac{S_8-S_6}{a_8-a_6}=\dfrac{1}{2}$$

이 성립한다. d의 값은? [4점]

① -1　　　　② -2　　　　③ -3
④ -4　　　　⑤ -5

16

수열 $\{a_n\}$에 대하여 $\displaystyle\sum_{k=1}^{n}(a_{2k-1}+a_{2k})=n^2+n$일 때, $\displaystyle\sum_{k=1}^{10}a_k$의 값은? [4점]

① 5　　　　② 10　　　　③ 20
④ 30　　　　⑤ 40

17

수열 $\{a_n\}$에 대하여 첫째항부터 제 n항까지의 합을 S_n이라 하자. 수열 $\{S_{2n-1}\}$은 공차가 -3인 등차수열이고, 수열 $\{S_{2n}\}$은 공차가 2인 등차수열이다. $a_2 = 2$일 때, a_{10}은? [4점]

① 20   ② 22   ③ 24

④ 26   ⑤ 28

18

유한개의 항으로 이루어진 두 등차수열 $\{a_n\}$, $\{b_m\}$이 다음과 같다.

$\{a_n\} : 5,\ 8,\ 11,\ 14,\ \cdots,\ 1202$
$\{b_m\} : 2,\ 7,\ 12,\ 17,\ \cdots,\ 1212$

이때, $a_p = b_q$를 만족하는 두 자연수 p, q에 대하여 $p+q$의 최댓값은? [4점]

① 641   ② 642   ③ 643

④ 644   ⑤ 645

※ 다음은 서술형 문제입니다. 서술형 답안지에 풀이 과정과 답을 정확하게 서술하시오.

서술형 주관식

19

이차방정식 $2x^2 - 12x + k = 0$의 두 실근을 각각 α, β라 하면 세 실수 α^2, 5, β^2이 이 순서대로 등비수열을 이룬다. 이때, 양수 k의 값을 구하시오. [6점]

20

수열 $\{a_n\}$이 $a_1 = -1$, $a_{n+1} = \dfrac{1}{1-a_n}$ $(n=1,\ 2,\ 3,\ \cdots)$로 정의될 때, a_{47}을 구하시오. [6점]

21

그림과 같이 $\overline{AB}=5$, $\overline{BC}=6$, $\overline{CA}=3$인 삼각형 ABC가 있다. 변 BC 위의 점 D에 대하여 $\overline{BD}:\overline{DC}=2:1$일 때, 선분 AD의 길이를 구하시오. [6점]

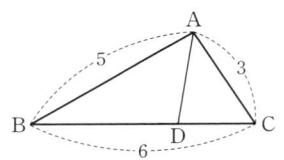

22

자연수 n에 대하여 곡선 $y=\dfrac{3}{x}\,(x>0)$ 위의 점 $\left(n,\ \dfrac{3}{n}\right)$과 두 점 $(n-1,\ 0)$, $(n+1,\ 0)$을 세 꼭짓점으로 하는 삼각형의 넓이를 a_n이라 할 때, $\displaystyle\sum_{n=1}^{9}\dfrac{18}{a_n a_{n+1}}$의 값을 구하시오. [8점]

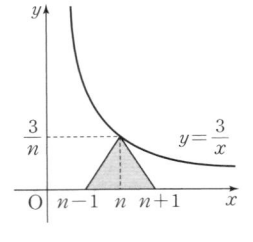

23

수열 $\{a_n\}$을 다음과 같이 정의하자.

$$a_n=(-1)^n\times n^2\ (n=1,\ 2,\ 3,\ \cdots)$$

수열 $\{a_n\}$의 첫째항부터 제n항까지의 합을 S_n이라 할 때, $\dfrac{S_{2n}-S_{2n-1}}{S_{2n}+S_{2n-1}}=100$을 만족시키는 자연수 n의 값을 구하시오.

[8점]

수 학 I

범위: 사인법칙 ~ 수열의 귀납적 정의

대상	2학년	고사일시	20 년 월 일	과목코드	04	시간	50분	점수	/100점

• 답안지에 필요한 인적 사항을 정확히 기입할 것.
• 객관식 문제의 답안 표기는 OMR카드에 반드시 컴퓨터용 사인펜을 사용하여 기입할 것.
• 주관식 문제의 답안 표기는 반드시 검은색 펜을 사용할 것.

객관식

01

수열 $\{a_n\}$이 $a_1=32$, $a_{n+1}=2^n a_n$ ($n=1, 2, 3, \cdots$)으로 정의될 때, a_4는? [3.3점]

① 2^{11} ② 2^{12} ③ 2^{13}
④ 2^{14} ⑤ 2^{15}

02

수열 $\{a_n\}$이

$$\sum_{k=1}^{5} a_k = 20, \quad \sum_{k=1}^{5} a_k^2 = 50$$

을 만족시킬 때, $\sum_{k=1}^{5} (2a_k-2)^2$의 값은? [3.3점]

① 50 ② 55 ③ 60
④ 65 ⑤ 70

03

서로 다른 두 실수 a, b에 대하여 4, $\dfrac{a^2}{2}$, b가 이 순서대로 등차수열을 이루고 $a+4$, b, 1이 이 순서대로 등비수열을 이룰 때, a^2+b^2의 값은? [3.3점]

① 6 ② 7 ③ 8
④ 9 ⑤ 10

04

제8항이 29이고, 제20항이 -7인 등차수열에서 첫째항부터 제n항까지의 합을 S_n이라고 한다. $S_n>0$이 되도록 하는 n의 최댓값은? [3.3점]

① 31 ② 32 ③ 33
④ 34 ⑤ 35

아름다운샘

05

수열 $\{a_n\}$은 첫째항이 1, 공차가 2인 등차수열일 때, 수열 $\{2^{a_n}\}$의 첫째항부터 제5항까지의 합은? [3.3점]

① 482　　　　② 532　　　　③ 582

④ 632　　　　⑤ 682

06

삼각형 ABC에서 $\overline{AB}=6$, $\overline{AC}=3\sqrt{2}$, $B=30°$, $C=45°$일 때, 선분 BC의 길이는? [3.3점]

① $\sqrt{3}$　　　　② $3\sqrt{3}-3$　　　　③ $3\sqrt{3}$

④ $3\sqrt{3}+3$　　　　⑤ $3\sqrt{3}+5$

07

그림과 같이 $\overline{AB}=\overline{CD}$이고 넓이가 $16\sqrt{2}$인 등변사다리꼴 ABCD의 두 대각선이 이루는 각의 크기가 45°일 때, 한 대각선의 길이는? [3.7점]

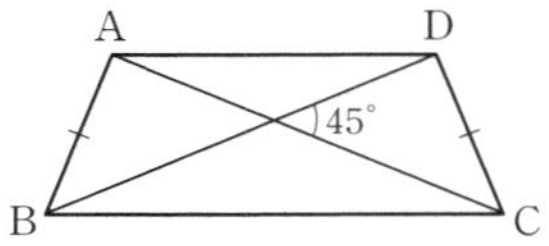

① 4　　　　② 6　　　　③ 8

④ 10　　　　⑤ 12

08

등차수열 $\{a_n\}$에 대하여 $a_1+a_3+a_5=9$, $a_7+a_9+a_{11}=45$일 때, $a_2+a_4+a_6$의 값은? [3.7점]

① 12　　　　② 15　　　　③ 18

④ 21　　　　⑤ 24

09

첫째항이 5인 등비수열 $\{a_n\}$의 첫째항부터 제n항까지의 합을 S_n이라 하자.

$$\frac{S_9-S_5}{S_6-S_2}=2$$

일 때, a_7은? [3.7점]

① 10　　　　② 15　　　　③ 20

④ 25　　　　⑤ 30

10

수열 $\{a_n\}$에서 첫째항부터 제n항까지의 합을 S_n이라 할 때,

$$a_1=\frac{1}{2},\ a_{n+1}=2S_n+n\ (n=1,\ 2,\ 3,\ \cdots)$$

을 만족한다. 이때, a_2+a_5의 값은? [3.7점]

① $\dfrac{135}{2}$　　　　② 68　　　　③ $\dfrac{137}{2}$

④ 69　　　　⑤ $\dfrac{139}{2}$

11

삼각형 ABC의 세 변의 길이의 비가 $a:b:c=4:5:6$일 때, $\sin A$의 값은? [3.7점]

① $\dfrac{\sqrt{35}}{6}$　　　② $\dfrac{2\sqrt{6}}{5}$　　　③ $\dfrac{\sqrt{15}}{4}$

④ $\dfrac{\sqrt{3}}{2}$　　　⑤ $\dfrac{\sqrt{7}}{4}$

12

그림과 같이 $\overline{AB}=6$, $\overline{AC}=12$, $\angle A=120°$인 삼각형 ABC가 있다. 이 삼각형의 외접원의 반지름의 길이는? [3.7점]

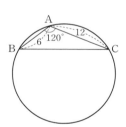

① $\sqrt{21}$　　　　② $2\sqrt{21}$

③ $3\sqrt{21}$　　　　④ $4\sqrt{21}$

⑤ $5\sqrt{21}$

13

수열 $\{a_n\}$이 $a_1=1$, $a_{n+1}=\dfrac{n+2}{n}a_n$ $(n=1, 2, 3, \cdots)$으로 정의

될 때, a_{19}는? [4점]

① 180 ② 185 ③ 190

④ 195 ⑤ 200

14

두 수열 $\{a_n\}$, $\{b_n\}$이 모든 자연수 n에 대하여 $a_n+b_n=10$을

만족시킨다. $\displaystyle\sum_{k=1}^{10}(a_k+2b_k)=200$일 때, $\displaystyle\sum_{k=1}^{10}b_k$의 값은? [4점]

① 60 ② 70 ③ 80

④ 90 ⑤ 100

15

등차수열 $\{a_n\}$이 다음을 만족할 때, $m+a_8$의 값은? [4점]

> (가) $a_1+a_3+\cdots+a_{2m+1}=80$
>
> (나) $a_2+a_4+\cdots+a_{2m}=70$

① 17 ② 18 ③ 19

④ 20 ⑤ 21

16

등비수열 $\{a_n\}$에 대하여 $T_n=\dfrac{1}{a_1}+\dfrac{1}{a_2}+\cdots+\dfrac{1}{a_n}$이라고 하자.

$T_3=\dfrac{1}{4}$, $T_6=1$일 때, T_9의 값은? [4점]

① $\dfrac{7}{4}$ ② $\dfrac{9}{4}$ ③ $\dfrac{11}{4}$

④ $\dfrac{13}{4}$ ⑤ $\dfrac{15}{4}$

17

제5항이 같은 두 등차수열 $\{a_n\}$, $\{b_n\}$에서 $b_8 = \frac{3}{2}a_8$, $b_{11} = \frac{9}{5}a_{11}$

일 때, $\dfrac{b_{14}}{a_{14}}$의 값은? [4점]

① 1   ② 2   ③ 3

④ 4   ⑤ 5

18

수열 $\{a_n\}$의 첫째항부터 제n항까지의 합을 S_n이라 할 때,

$$\sum_{k=1}^{n} \frac{S_k}{2k-1} = n^2 + 2n \ (n=1, 2, 3, \cdots)$$

이 성립한다. 이때, a_{10}은? [4점]

① 74   ② 75   ③ 76

④ 77   ⑤ 78

※ 다음은 서술형 문제입니다. 서술형 답안지에 풀이 과정과 답을 정확하게 서술하시오.

서술형 주관식

19

그림과 같이 $\overline{AB}=7$, $\overline{CA}=5$,
$\angle C = 120°$인 삼각형 ABC의 넓이
를 구하시오. [6점]

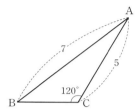

20

모든 항이 양수인 등비수열 $\{a_n\}$에 대하여 $a_1 a_3 = 9$, $a_2 a_5 = 243$
일 때, a_7을 구하시오. [6점]

21

그림과 같이 두 곡선 $y=\sqrt{x+1}$ 과 $y=-\sqrt{x}$ 가 직선 $x=k$ ($k=1, 2, 3, \cdots$)와 만나는 점을 각각 P_k, Q_k라 할 때,

$\displaystyle\sum_{k=1}^{35} \dfrac{1}{P_k Q_k}$ 의 값을 구하시오. [6점]

22

수열 $\{a_n\}$은 $a_1=7$이고, 다음 조건을 만족시킨다.

> (가) $a_{n+2}=a_n-4$ ($n=1, 2, 3, 4$)
> (나) 모든 자연수 n에 대하여 $a_{n+6}=a_n$이다.

$\displaystyle\sum_{k=1}^{50} a_k=258$일 때, a_2를 구하시오. [8점]

23

첫째항이 a, 공차가 d인 등차수열 $\{a_n\}$이 모든 자연수 n에 대하여

$$\sum_{k=1}^{n} \dfrac{1}{a_k a_{k+1}} = \dfrac{f(n)}{a(a+nd)}$$

을 만족시킬 때, $f(50)$의 값을 구하시오. (단, $ad\neq 0$) [8점]

수 학 I

범위: 사인법칙 ~ 수열의 귀납적 정의

대상	2학년	고사일시	20 년 월 일	과목코드	05	시간	50분	점수	/100점

- 답안지에 필요한 인적 사항을 정확히 기입할 것.
- 객관식 문제의 답안 표기는 OMR카드에 반드시 컴퓨터용 사인펜을 사용하여 기입할 것.
- 주관식 문제의 답안 표기는 반드시 검은색 펜을 사용할 것.

객관식

01

수열 $\{a_n\}$의 일반항이 다음과 같을 때, $a_1 + a_5$의 값은? [3.3점]

$$a_n = 4n + 3$$

① 28 　　　② 30 　　　③ 32
④ 34 　　　⑤ 36

02

$\sum\limits_{k=1}^{10} a_k = 7$, $\sum\limits_{k=1}^{10} b_k = 10$일 때, $\sum\limits_{k=1}^{10} (2a_k - b_k + 4)$의 값은? [3.3점]

① 44 　　　② 47 　　　③ 50
④ 53 　　　⑤ 56

03

오른쪽 표의 가로, 세로 방향으로 각각 등비
수열을 이루도록 빈칸에 양수를 적을 때,
$a + b$의 값은? [3.3점]

2		8
a		
	6	
b		1

① 30 　　　② 40
③ 50 　　　④ 60
⑤ 70

04

수열 $\{a_n\}$이 $a_1 = 4$, $a_{n+1} = a_n + 2^n$ $(n = 1, 2, 3, \cdots)$으로 정의
될 때, $\sum\limits_{k=1}^{4} a_k$의 값은? [3.3점]

① 30 　　　② 34 　　　③ 38
④ 42 　　　⑤ 46

아름다운샘

05

수열 $\{a_n\}$의 첫째항부터 제 n항까지의 합을 S_n이라 할 때, $\log_3 (S_n+3)=n+1$이 성립한다. a_3은? [3.3점]

① 46   ② 48   ③ 50
④ 52   ⑤ 54

06

삼각형 ABC에서 $\angle A=45°$, $\angle B=30°$, $\overline{BC}=6$일 때, 변 AC 의 길이는? [3.3점]

① $2\sqrt{3}$ ② $\sqrt{14}$ ③ 4
④ $3\sqrt{2}$ ⑤ $2\sqrt{5}$

07

$a_4=-12$, $a_8=28$인 등차수열 $\{a_n\}$에 대하여 첫째항부터 제 n 항까지의 합 S_n의 최솟값은? [3.7점]

① -80 ② -90 ③ -100
④ -110 ⑤ -120

08

등비수열 $\{a_n\}$의 제2항이 3, 제5항이 24이다. 첫째항부터 제 n항까지의 합이 처음으로 600보다 커진다고 할 때, 자연수 n 의 값은? [3.7점]

① 7   ② 8   ③ 9
④ 10   ⑤ 11

09

수열 $\{a_n\}$이

$$a_n=\sqrt{n+1}-\sqrt{n} \ (n=1, 2, 3, \cdots)$$

일 때, $\displaystyle\sum_{k=1}^{15}(a_k+2)^2-\sum_{k=1}^{15}(a_k-2)^2$의 값은? [3.7점]

① 24   ② 26   ③ 28

④ 30   ⑤ 32

10

어느 고고학자가 원형으로 추정되는 깨진 손거울을 발견하였다. 이 손거울의 세 지점 A, B, C를 그림과 같이 정하여 각 지점 사이의 거리를 재었더니 4, 3, 2이었다. 손거울의 반지름의 길이를 R라 할 때, $15R^2$의 값은?

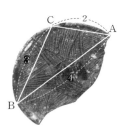

[3.7점]

① 60   ② 64   ③ 68

④ 72   ⑤ 76

11

평행사변형 ABCD에서 $\overline{AC}=3$, $\overline{BD}=\sqrt{15}$, $\angle ABC=60°$일 때, 평행사변형 ABCD의 넓이는?

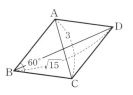

[3.7점]

① $\dfrac{\sqrt{23}}{2}$ ② $\dfrac{5}{2}$ ③ $\dfrac{3\sqrt{3}}{2}$

④ $\dfrac{\sqrt{29}}{2}$ ⑤ $\dfrac{\sqrt{31}}{2}$

12

등비수열 $\{a_n\}$에 대하여

$$a_1+a_2+a_3+a_4+a_5=3, \ a_6+a_7+a_8+a_9+a_{10}=6$$

일 때, $a_1+a_2+a_3+\cdots+a_{30}$의 값은? [3.7점]

① 183   ② 185   ③ 187

④ 189   ⑤ 191

13

등비수열 $\{a_n\}$에 대하여 제3항이 6이고 제7항이 24일 때, $a_1{}^2+a_2{}^2+a_3{}^2+\cdots+a_{10}{}^2$의 값은? [4점]

① 9207　　　　② 9210　　　　③ 9213

④ 9216　　　　⑤ 9219

14

$a_1=100,\ a_{n+1}=\begin{cases}\dfrac{1}{2}a_n & (a_n\text{이 짝수})\\[2mm] a_n+1 & (a_n\text{이 홀수})\end{cases}$ $(n=1,\ 2,\ 3,\ \cdots)$로 정의

된 수열 $\{a_n\}$에 대하여 $\displaystyle\sum_{k=10}^{49} a_k$의 값은? [4점]

① 40　　　　② 45　　　　③ 50

④ 55　　　　⑤ 60

15

수열 $\{a_n\}$이 다음 조건을 만족시킨다.

> (가) $a_1=a_2+6$
> (나) $a_{n+1}=-2a_n\ (n\geq 1)$

a_8은? [4점]

① -260　　　　② -256　　　　③ -252

④ -248　　　　⑤ -244

16

반지름의 길이가 4이고 중심각의 크기가 75°인 부채꼴 OAB에서 호 AB 위에 한 점 P를 잡고, 선분 OA, OB 위에 각각 점 Q, R를 잡자. 삼각형 PQR의 둘레의 길이의 최솟값을 k라 할 때, k^2의 값은? [4점]

① $8(\sqrt{2}+\sqrt{3})$　　　　② $8(2+\sqrt{2})$　　　　③ $8(2+\sqrt{3})$

④ $16(2+\sqrt{2})$　　　　⑤ $16(2+\sqrt{3})$

17

수열 $\{a_n\}$이 다음 조건을 만족시킬 때, $\sum_{k=1}^{40} a_k$의 값은? [4점]

(가) $a_1=1$
(나) $a_{k+1}=a_k+3$ $(k=1, 2, 3, \cdots, 11)$
(다) $a_{m+12}=a_m$ $(m=1, 2, 3, \cdots)$

① 644 ② 648 ③ 652
④ 656 ⑤ 660

18

다음 수열에서 첫째항부터 제100항까지의 합은? [4점]

$$\frac{1}{2}, \frac{1}{3}, \frac{2}{3}, \frac{1}{4}, \frac{2}{4}, \frac{3}{4}, \frac{1}{5}, \frac{2}{5}, \cdots$$

① $\frac{97}{2}$ ② 49 ③ $\frac{99}{2}$
④ 50 ⑤ $\frac{101}{2}$

※ 다음은 서술형 문제입니다. 서술형 답안지에 풀이 과정과 답을 정확하게 서술하시오.

서술형 주관식

19

등차수열 $\{a_n\}$에 대하여 $a_3+a_5=12$, $a_4+a_8=24$일 때, a_{10}을 구하시오. [6점]

20

삼각형 ABC에서 $2\cos B \sin C=\sin A$일 때, 이 삼각형은 어떤 삼각형인지 구하시오. [6점]

21

수열 $\{a_n\}$의 첫째항부터 제n항까지의 합 S_n이 $S_n = n^2 - 10n$일 때, $a_n < 0$을 만족시키는 자연수 n의 최댓값을 구하시오. [6점]

22

두 수열 $\{a_n\}$, $\{b_n\}$은 모두 공차가 1인 등차수열이다. 다음 조건을 만족시키는 자연수 m에 대하여 $a_{2m} - b_m$의 값을 구하시오.

[8점]

(가) $a_1 + a_2 + a_3 + \cdots + a_m = 2m$
(나) $b_1 + b_2 + b_3 + \cdots + b_{2m} = m$
(다) $b_{2m} - a_m = 99$

23

집합

$$S_n = \{(x, y) \mid x^2 < y \le nx, \ x와 \ y는 \ 자연수\}$$

에 속하는 원소의 개수를 a_n $(n = 1, 2, 3, \cdots)$이라 하자. 이때, $\displaystyle\sum_{k=2}^{10} \frac{1}{a_k}$의 값을 구하시오. [8점]

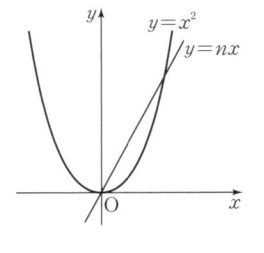

수 학 I

범위: 사인법칙 ~ 수열의 귀납적 정의

대상	2학년	고사일시	20 년 월 일	과목코드	06	시간	50분	점수	/100점

- 답안지에 필요한 인적 사항을 정확히 기입할 것.
- 객관식 문제의 답안 표기는 OMR카드에 반드시 컴퓨터용 사인펜을 사용하여 기입할 것.
- 주관식 문제의 답안 표기는 반드시 검은색 펜을 사용할 것.

객관식

01

그림과 같은 삼각형 ABC에서
$\overline{AB}=12$, $\overline{AC}=8$, 넓이가 $24\sqrt{3}$일 때,
$\cos A$의 값은? (단, $0° < \angle A \leq 90°$)

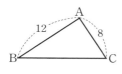

[3.3점]

① $\dfrac{1}{4}$ ② $\dfrac{\sqrt{2}}{4}$ ③ $\dfrac{1}{2}$

④ $\dfrac{\sqrt{2}}{2}$ ⑤ $\dfrac{\sqrt{3}}{2}$

02

$\triangle ABC$에서 $A=40°$, $B=80°$, $\overline{AB}=6$이다. $\triangle ABC$의 외접원의 반지름의 길이를 R라 할 때, R^2의 값은? [3.3점]

① 10   ② 12   ③ 14

④ 16   ⑤ 18

03

수열 $\{a_n\}$에 대하여
$$a_1=2,\ a_{n+1}=3a_n-2\ (n=1,\ 2,\ 3,\ \cdots)$$
가 성립할 때, a_5-a_4의 값은? [3.3점]

① 54   ② 56   ③ 58

④ 60   ⑤ 62

04

수열 $\{a_n\}$이 $a_1=11$이고, 모든 자연수 n에 대하여
$$a_{n+1}=\begin{cases} a_n+3 & (a_n\text{은 홀수}) \\ \dfrac{1}{2}a_n & (a_n\text{은 짝수}) \end{cases}$$
을 만족시킨다. a_6은? [3.3점]

① 4   ② 5   ③ 6

④ 7   ⑤ 8

아름다운샘

05

첫째항이 16인 등비수열 $\{a_n\}$에 대하여 $a_4 : a_8 = 2 : 3$일 때, a_{13}은? [3.3점]

① 30 　　　　② 36 　　　　③ 42

④ 48 　　　　⑤ 54

06

$\displaystyle\sum_{k=1}^{5} \left(\frac{1}{5}k^2 - 3^{k+1} \right)$의 값은? [3.3점]

① -1080 　　　② -1078 　　　③ -1074

④ -1072 　　　⑤ -1064

07

수열 $\{a_n\}$이 다음과 같이 정의될 때, a_{15}는? [3.7점]

$$a_1 = 4, \ a_2 = 6, \ a_{n+1}{}^2 = a_n a_{n+2} \ (n = 1, 2, 3, \cdots)$$

① $4\left(\dfrac{3}{2}\right)^{11}$ 　　② $4\left(\dfrac{3}{2}\right)^{12}$ 　　③ $4\left(\dfrac{3}{2}\right)^{13}$

④ $4\left(\dfrac{3}{2}\right)^{14}$ 　　⑤ $4\left(\dfrac{3}{2}\right)^{15}$

08

두 상수 x, y에 대하여 x, 4, y가 이 순서대로 등비수열을 이루고, $x-1$, 3, $y-3$이 이 순서대로 등차수열을 이룰 때, $x^2 + y^2$의 값은? [3.7점]

① 62 　　　　② 64 　　　　③ 66

④ 68 　　　　⑤ 70

09

함수 $f(n) = \sum\limits_{k=1}^{n} (k^2+1) - \sum\limits_{k=1}^{n-1} (k^2-1)$ 일 때, $f(9)$의 값은?

[3.7점]

① 90   ② 92   ③ 94

④ 96   ⑤ 98

10

등차수열 $\{a_n\}$에 대하여 $a_1+a_2+a_3+\cdots+a_{10}=150$, $a_1+a_2+a_3+\cdots+a_{20}=500$일 때, $a_{21}+a_{22}+a_{23}+\cdots+a_{30}$의 값은? [3.7점]

① 450   ② 500   ③ 550

④ 600   ⑤ 650

11

그림과 같이 두 대각선이 이루는 예각의 크기가 $30°$인 사각형 ABCD의 넓이가 6이고, $\overline{AC}=a$, $\overline{BD}=b$라 할 때, $a+b=10$이다. 이때, a^2+b^2의 값은? [3.7점]

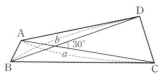

① 52   ② 56   ③ 60

④ 64   ⑤ 68

12

어떤 등대의 높이를 재기 위하여 측량을 하였다. A지점에서 등대의 꼭대기 C를 바라본 각의 크기가 $30°$이었고, 등대를 향해 $4\,\mathrm{m}$만큼 다가간 후 B지점에서 다시 등대의 꼭대기 C를 바라본 각의 크기가 $45°$이었을 때, 등대의 높이는? (단, 등대의 폭은 무시한다.) [3.7점]

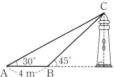

① $2\sqrt{3}\,\mathrm{m}$ ② $4\,\mathrm{m}$ ③ $2(\sqrt{3}+1)\,\mathrm{m}$

④ $4\sqrt{3}\,\mathrm{m}$ ⑤ $4(\sqrt{3}+1)\,\mathrm{m}$

13

수열 $\{a_n\}$에 대하여 $\sum\limits_{k=1}^{n} a_k = 2n^2 + n$이고, $\sum\limits_{k=1}^{10} \dfrac{4}{a_k a_{k+1}} = \dfrac{q}{p}$라

할 때, $p+q$의 값은? (단, p, q는 서로소인 자연수이다.) [4점]

① 160　　　　② 163　　　　③ 166

④ 169　　　　⑤ 172

14

등차수열 $\{a_n\}$에 대하여 첫째항부터 제n항까지의 합을 S_n이라

하자.

$$a_5 + a_{13} = 3(S_9 - S_8),\ S_{18} = \dfrac{9}{2}$$

를 만족시킬 때, a_{11}은? [4점]

① 2　　　　② 1　　　　③ 0

④ -1　　　　⑤ -2

15

매년 초에 6만 원씩 적립할 때, 10년 후의 원리합계를 구하면?

(단, 연이율 6 %, 1년마다 복리로 하고, $1.06^{10} = 1.8$로 계산한다.)

[4점]

① 800000원　　　② 816000원　　　③ 824000원

④ 832000원　　　⑤ 848000원

16

다항식 $f(x)$를 일차식 $x+1$, $x-2$로 나눈 나머지가 각각 2, 5

이다. 다항식 $f(x)$를 이차식 $(x+1)(x-2)$로 나눈 나머지를

$R(x)$라 할 때, $\sum\limits_{k=1}^{10} R(k)$의 값은? [4점]

① 80　　　　② 85　　　　③ 90

④ 95　　　　⑤ 100

17

공차가 0이 아닌 두 등차수열 $\{a_n\}$, $\{b_n\}$에 대하여
$a_3+b_{14}=14$, $a_{24}+b_5=32$일 때, $a_{17}+b_8$의 값은? [4점]

① 26　　　　② 27　　　　③ 28

④ 29　　　　⑤ 30

18

4와 10 사이에 n개의 수 a_1, a_2, $\cdots$, a_n을 넣어 만든 수열
4, a_1, a_2, a_3, $\cdots$, a_n, 10은 이 순서대로 등비수열을 이룬다고
한다. 이때, 등식

$$a_1+a_2+a_3+\cdots+a_n=p\left(\frac{1}{a_1}+\frac{1}{a_2}+\frac{1}{a_3}+\cdots+\frac{1}{a_n}\right)$$

을 만족시키는 상수 p의 값은? [4점]

① 10　　　　② 20　　　　③ 30

④ 40　　　　⑤ 50

※ 다음은 서술형 문제입니다. 서술형 답안지에 풀이 과정과 답을 정확하게 서술하시오.

> **서술형 주관식**

19

등차수열 $\{a_n\}$에 대하여 $a_1=-35$, $a_6-a_5=4$일 때, 처음으로 양수가 되는 항은 제 몇 항인지 구하시오. [6점]

20

그림과 같이 $\overline{AE}=6$, $\overline{EF}=\overline{FG}=2$인 직육면체에서 두 선분 BE와 BG가 이루는 각의 크기를 θ라 할 때, $10\cos\theta$의 값을 구하시오. [6점]

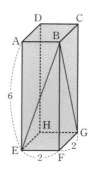

아름다운샘

21

등비수열 $2,\ x_1,\ x_2,\ \cdots,\ 32$의 모든 항의 합이 22일 때, x_2의 값을 구하시오. [6점]

22

수열 $\{a_n\}$이

$$a_1 = 2,\ a_n + a_{n+1} = 3n\ (n=1,\ 2,\ 3,\ \cdots)$$

으로 정의된다. 이때, 두 수

$$P = a_1 + a_3 + a_5 + a_7 + \cdots + a_{19},$$

$$Q = a_2 + a_4 + a_6 + a_8 + \cdots + a_{20}$$

에 대하여 $P-Q$의 값을 구하시오. [8점]

23

첫째항과 공차가 모두 양수 d인 등차수열 $\{a_n\}$에 대하여 그림과 같이 직선 $x=a_n$과 곡선 $y=\sqrt{x}$ 가 만나는 점을 P_n, 점 P_n에서 직선 $x=a_{n+1}$에 내린 수선의 발을 Q_n이라 하고, 삼각형 $P_nQ_nP_{n+1}$의 넓이를 S_n이라 하자. 이때, $\sum\limits_{n=1}^{99} S_n = a_9$를 만족시키는 d의 값을 구하시오. [8점]

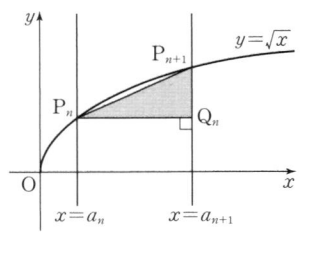

수 학 Ⅰ

범위: 사인법칙 ~ 수열의 귀납적 정의

대상	2학년	고사일시	20 년 월 일	과목코드	07	시간	50분	점수	/100점

• 답안지에 필요한 인적 사항을 정확히 기입할 것.
• 객관식 문제의 답안 표기는 OMR카드에 반드시 컴퓨터용 사인펜을 사용하여 기입할 것.
• 주관식 문제의 답안 표기는 반드시 검은색 펜을 사용할 것.

객관식

01

다음 수열이 이 순서대로 등차수열을 이룰 때, $y-x$의 값은?

[3.3점]

$$6,\ x,\ 20,\ y$$

① 10　　　　② 11　　　　③ 12

④ 13　　　　⑤ 14

02

$a_1=1,\ \dfrac{1}{a_{n+1}}=\dfrac{1}{a_n}+2\ (n=1,\ 2,\ 3,\ \cdots)$로 정의되는 수열 $\{a_n\}$

에 대하여 $\dfrac{1}{a_5}$의 값은?

① 7　　　　② 8　　　　③ 9

④ 10　　　　⑤ 11

03

등비수열 $4,\ 8,\ 16,\ \cdots$에서 첫째항부터 제 몇 항까지의 합이 처음으로 900보다 커지는가? [3.3점]

① 제4항　　　　② 제5항　　　　③ 제6항

④ 제7항　　　　⑤ 제8항

04

$\displaystyle\sum_{k=2}^{9}(k+1)^2-\sum_{k=1}^{9}(k-1)^2$의 값은? [3.3점]

① 176　　　　② 177　　　　③ 178

④ 179　　　　⑤ 180

아름다운샘

05

$a_1=1$, $a_2=3$, $a_{n+2}-4a_{n+1}+3a_n=0$ $(n=1, 2, 3, \cdots)$으로 정의되는 수열 $\{a_n\}$에 대하여 a_{10}은? [3.3점]

① 3^8 ② 3^9 ③ 3^{10}

④ 3^{11} ⑤ 3^{12}

06

등차수열 $\{a_n\}$에 대하여 첫째항부터 제 n항까지의 합을 S_n이라 할 때, $S_{10}=120$, $S_{30}=960$이다. S_{20}은? [3.3점]

① 440   ② 450   ③ 460

④ 470   ⑤ 480

07

등비수열 $\{a_n\}$의 첫째항부터 제 n항까지의 합 S_n에 대하여 $\dfrac{S_4}{S_2}=7$일 때, $\dfrac{a_4}{a_2}$의 값은? [3.7점]

① 3   ② 4   ③ 6

④ 8   ⑤ 9

08

삼각형 ABC에서 $a=3$, $b=5$, $c=7$일 때, C의 크기는? [3.7점]

① 45°   ② 60°   ③ 90°

④ 120°   ⑤ 135°

09

그림과 같은 삼각형 ABC에서
$\overline{AB}=10$, $\overline{AC}=8$, $\overline{BM}=\overline{CM}$이고
$\angle BAM=\alpha$, $\angle CAM=\beta$라 할 때,
$\dfrac{\sin\alpha}{\sin\beta}$의 값은? [3.7점]

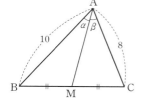

① $\dfrac{1}{5}$　　　② $\dfrac{\sqrt{2}}{5}$　　　③ $\dfrac{2\sqrt{2}}{5}$

④ $\dfrac{3}{5}$　　　⑤ $\dfrac{4}{5}$

10

삼각형 ABC에서 $6\sin A=2\sqrt{3}\sin B=3\sin C$가 성립할 때, $\cos A$의 값은? [3.7점]

① 1　　　② $\dfrac{\sqrt{3}}{2}$　　　③ $\dfrac{\sqrt{2}}{2}$

④ $\dfrac{1}{2}$　　　⑤ $\dfrac{1}{6}$

11

등차수열 $\{a_n\}$에 대하여 $a_1=2$, $a_{90}-a_{80}=-30$일 때, $a_{11}+a_{12}+\cdots+a_{20}$의 값은? [3.7점]

① -410　　　② -415　　　③ -420

④ -425　　　⑤ -430

12

첫째항이 3인 등비수열 $\{a_n\}$에서

$$a_1+a_3+a_5+\cdots+a_{2n-1}=2^{30}-1,$$
$$a_3+a_5+a_7+\cdots+a_{2n+1}=2^{32}-4$$

가 성립할 때, 자연수 n의 값은? [3.7점]

① 15　　　② 16　　　③ 17

④ 18　　　⑤ 19

아름다운샘

13

$a_1+a_2+a_3+\cdots+a_{10}=15$, $b_1+b_2+b_3+\cdots+b_{10}=8$일 때, $\sum\limits_{k=1}^{10}\{(\sqrt{a_k}+\sqrt{b_k})(\sqrt{a_k}-\sqrt{b_k})\}$의 값은? (단, $a_k>0$, $b_k>0$)

[4점]

① 3   ② 4   ③ 5

④ 6   ⑤ 7

14

모든 자연수 n에 대하여 수열 $\{a_n\}$의 일반항을

$$a_n=\begin{cases}(-1)^{\frac{n+1}{2}}\sin\dfrac{n\pi}{6} & (n\text{이 홀수})\\[2mm](-1)^{\frac{n}{2}}\cos\dfrac{n\pi}{6} & (n\text{이 짝수})\end{cases}$$

이라 할 때, $\sum\limits_{k=1}^{100}a_k$의 값은? [4점]

① -1 ② $-\dfrac{1}{2}$ ③ 0

④ $\dfrac{1}{2}$ ⑤ 1

15

모든 항이 양수이고 $a_{20}=3$인 등비수열 $\{a_n\}$에 대하여 $b_n=\log_3 a_n$일 때, $\sum\limits_{k=10}^{30}b_k$의 값은? [4점]

① 10   ② $10\sqrt{2}$ ③ 21

④ $21\sqrt{2}$ ⑤ 32

16

수열 $\{a_n\}$이 $\sum\limits_{k=1}^{n}k^2a_k=n^2+n$을 만족시킬 때, $\sum\limits_{k=1}^{9}\dfrac{10a_k}{k+1}$의 값은? [4점]

① 12   ② 14   ③ 16

④ 18   ⑤ 20

17

-7과 7 사이에 n개의 수 a_1, a_2, a_3, $\cdots$, a_n을 넣어 공차가 자연수인 등차수열을 만들었다. 모든 항의 절댓값의 합이 32일 때, n의 값은? [4점]

① 3   ② 4   ③ 5

④ 6   ⑤ 7

18

그림과 같이 서로 외접하는 세 원의 반지름의 길이가 각각 3, 4, 2일 때, 세 원의 중심을 꼭짓점으로 하는 삼각형 ABC가 있다. 삼각형 ABC의 외접원의 반지름의 길이를 R, 내접원의 반지름의 길이를 r라 할 때, $\dfrac{r}{R}$의 값은? [4점]

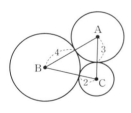

① $\dfrac{2}{7}$ ② $\dfrac{13}{35}$ ③ $\dfrac{16}{35}$

④ $\dfrac{19}{35}$ ⑤ $\dfrac{22}{35}$

※ 다음은 서술형 문제입니다. 서술형 답안지에 풀이 과정과 답을 정확하게 서술하시오.

서술형 주관식

19

등비수열에서 제2항이 10이고, 제5항이 80일 때, 640은 제n항이다. 자연수 n의 값을 구하시오. [6점]

20

평행사변형 ABCD에서 $\overline{AB}=4$, $\overline{AD}=5$이고 넓이가 $10\sqrt{3}$일 때, $\cos\theta$의 값을 구하시오.

(단, $90° < \angle A < 180°$) [6점]

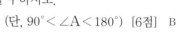
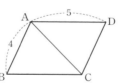

21

자연수 n에 대하여 x에 대한 이차방정식 $x^2-2nx+n^2=0$의 두 근을 a_n, b_n이라 할 때, $\displaystyle\sum_{k=1}^{10}(a_k+2)(b_k+2)$의 값을 구하시오. [6점]

22

수열 $\{a_n\}$에 대하여 첫째항부터 제n항까지의 합을 S_n이라 하자. $a_1=2$이고, $(S_{n+1}-S_{n-1})^2=4a_na_{n+1}+9$ $(n=2,\ 3,\ 4,\ \cdots)$일 때, S_{20}의 값을 구하시오. (단, $a_1<a_2<a_3<\cdots<a_n$) [8점]

23

그림과 같이 좌표평면에서 자연수 n에 대하여 4개의 점 $(n^2,\ n^2)$, $(4n^2,\ n^2)$, $(4n^2,\ 4n^2)$, $(n^2,\ 4n^2)$을 꼭짓점으로 하는 정사각형을 A_n이라 하자. 정사각형 A_n과 함수 $y=p\sqrt{x}$의 그래프가 만나도록 하는 자연수 p의 개수를 a_n이라 할 때, $\displaystyle\sum_{n=1}^{20}a_n$의 값을 구하시오. [8점]

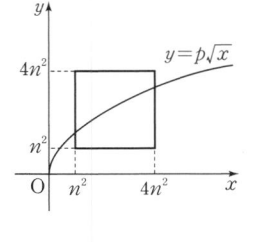

수 학 I

범위: 사인법칙 ~ 수열의 귀납적 정의

| 대상 | 2학년 | 고사일시 | 20   년   월   일 | 과목코드 | 08 | 시간 | 50분 | 점수 | /100점 |

- 답안지에 필요한 인적 사항을 정확히 기입할 것.
- 객관식 문제의 답안 표기는 OMR카드에 반드시 컴퓨터용 사인펜을 사용하여 기입할 것.
- 주관식 문제의 답안 표기는 반드시 검은색 펜을 사용할 것.

객관식

01

수열 $\{a_n\}$을 $a_1=2$, $a_{n+1}=3a_n+4$ $(n=1,\ 2,\ 3,\ \cdots)$로 정의할 때, a_5는? [3.3점]

① 320   ② 322   ③ 324

④ 326   ⑤ 328

02

$a_1=4$, $a_{20}=61$인 등차수열 $\{a_n\}$의 첫째항부터 제20항까지의 합은? [3.3점]

① 610   ② 620   ③ 630

④ 640   ⑤ 650

03

첫째항이 1, 공비가 2인 등비수열에서 항의 값이 처음으로 3000보다 커지는 것은 제몇 항인가? [3.3점]

① 제9항   ② 제10항   ③ 제11항

④ 제12항   ⑤ 제13항

04

등비수열 $\{a_n\}$에서 $a_1+a_2=8$, $a_4+a_5=27$일 때, $5a_3$의 값은? [3.3점]

① 21   ② 26   ③ 31

④ 36   ⑤ 41

아름다운샘

05

등차수열 $\{a_n\}$에 대하여 $a_1a_6=0$, $a_2a_5=32$일 때, a_3a_4의 값은? [3.3점]

① 46　　　　② 48　　　　③ 50

④ 52　　　　⑤ 54

06

서로 다른 세 실수 a, b, c가 다음 조건을 만족한다.

> (가) a, b, c는 이 순서대로 등차수열을 이룬다.
> (나) b, a, c는 이 순서대로 등비수열을 이룬다.
> (다) $abc=-64$

이때, $a+b+c$의 값은? [3.3점]

① 6　　　　② 7　　　　③ 8

④ 9　　　　⑤ 10

07

$\sum_{k=1}^{n} \log_2\left(\dfrac{1}{k}+1\right)=6$을 만족시키는 자연수 n의 값은? [3.7점]

① 60　　　　② 61　　　　③ 62

④ 63　　　　⑤ 64

08

그림과 같이 세 변의 길이가 각각 $a=12$, $b=9$, $c=6$인 삼각형 ABC의 넓이는? [3.7점]

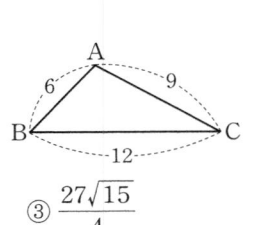

① $\dfrac{21\sqrt{15}}{4}$　　　　② $6\sqrt{15}$　　　　③ $\dfrac{27\sqrt{15}}{4}$

④ $\dfrac{15\sqrt{15}}{2}$　　　　⑤ $\dfrac{33\sqrt{15}}{4}$

09

삼각형 ABC에서 $A : B : C = 1 : 2 : 3$일 때,
$\overline{BC} : \overline{CA} : \overline{AB}$는? [3.7점]

① $1 : \sqrt{3} : 2$ ② $1 : 2 : 3$ ③ $1 : 4 : 9$

④ $\sqrt{6} : \sqrt{3} : \sqrt{2}$ ⑤ $6 : 3 : 2$

10

그림과 같이 두 직선 $y = 2x$, $y = x$가 이루는 예각의 크기를 θ라 할 때, $\sin^2\theta$의 값은? [3.7점]

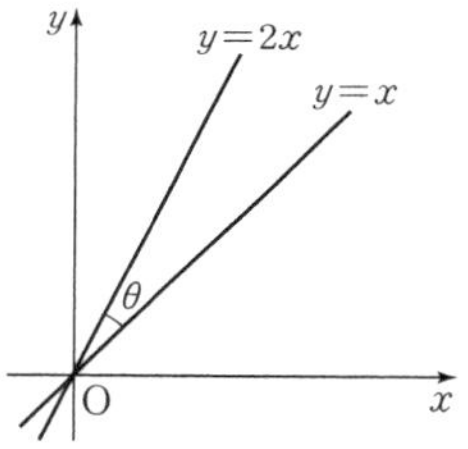

① $\dfrac{1}{10}$ ② $\dfrac{\sqrt{5}}{10}$

③ $\dfrac{\sqrt{10}}{10}$ ④ $\dfrac{\sqrt{10}}{5}$

⑤ $\dfrac{3\sqrt{10}}{10}$

11

삼각형 ABC에서 $\sin^2 A \cos B - \cos A \sin^2 B = 0$이 성립하면 이 삼각형은 어떤 삼각형인가? [3.7점]

① $\angle A = 90°$인 직각삼각형

② $\angle B = 90°$인 직각삼각형

③ $\angle C = 90°$인 직각삼각형

④ $\overline{AC} = \overline{BC}$인 이등변삼각형

⑤ 정삼각형

12

공차가 -4인 등차수열 $\{a_n\}$에 대하여
$$(a_1 + a_3 + a_5 + \cdots + a_{99}) - (a_2 + a_4 + a_6 + \cdots + a_{100})$$
의 값은? [3.7점]

① 184   ② 188   ③ 192

④ 196   ⑤ 200

13

자연수 n에 대하여 x에 대한 이차방정식
$x^2-(n+1)x-(n+3)=0$의 두 근을 α_n, β_n이라 할 때,
$\sum\limits_{n=1}^{10}(\alpha_n^{2}+\beta_n^{2})$의 값은? [4점]

① 670　　　　② 675　　　　③ 680

④ 685　　　　⑤ 690

14

첫째항부터 제n항까지의 합이 20, 첫째항부터 제2n항까지의
합이 10인 등비수열에서 첫째항부터 제3n항까지의 합은?

[4점]

① 12　　　　② 15　　　　③ 18

④ 22　　　　⑤ 25

15

$\sum\limits_{k=1}^{10}2k+\sum\limits_{k=2}^{10}2k+\sum\limits_{k=3}^{10}2k+\cdots+\sum\limits_{k=10}^{10}2k$의 값은? [4점]

① 770　　　　② 810　　　　③ 880

④ 930　　　　⑤ 990

16

수열 $\{a_n\}$이 다음 조건을 만족시킨다.

(가) $a_1=7$, $a_2=6$

(나) $a_{n+2}=\dfrac{1+a_{n+1}}{a_n}$ (단, $n=1, 2, 3, \cdots$)

$\sum\limits_{k=1}^{60}a_k$의 값은? [4점]

① 182　　　　② 184　　　　③ 186

④ 188　　　　⑤ 190

아름다운샘

17

두 수열 $\{a_n\}$, $\{b_n\}$에 대하여

$$a_1+a_2+\cdots+a_n=2n^2+pn,$$
$$b_1+b_2+\cdots+b_n=3n^2-2n$$

이 성립한다. $a_{10}=b_{10}$일 때, a_{20}은? (단, p는 자연수이다.)

[4점]

① 90 ② 95 ③ 100

④ 105 ⑤ 110

18

자연수 n에 대하여 점 P_n을 다음 규칙에 따라 정한다.

> (가) 점 P_1의 좌표는 $(1,\ 1)$이다.
> (나) 점 P_n의 좌표가 $(a,\ b)$일 때, $b<2^a$이면 점 P_{n+1}의 좌표는 $(a,\ b+1)$이고, $b=2^a$이면 점 P_{n+1}의 좌표는 $(a+1,\ 1)$이다.

점 P_n의 좌표가 $(10,\ 2^{10})$일 때, n의 값은? [4점]

① $2^{10}-2$ ② $2^{10}+2$ ③ $2^{11}-2$

④ 2^{11} ⑤ $2^{11}+2$

※ 다음은 서술형 문제입니다. 서술형 답안지에 풀이 과정과 답을 정확하게 서술하시오.

서술형 주관식

19

$\sum_{k=2}^{10}(k+1)^2-\sum_{k=2}^{10}(k-1)^2$의 값을 구하시오. [6점]

20

그림과 같이 $\angle A=60°$, $\overline{AB}=5$, $\overline{AC}=4$인 삼각형 ABC의 외접원의 반지름의 길이 R를 구하시오. [6점]

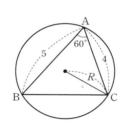

21

$a_1 = 3$인 등비수열 $\{a_n\}$이 있다. 자연수 k에 대하여

$$a_1 + a_3 + a_5 + \cdots + a_{2k-1} = 2^{30} - 1,$$
$$a_3 + a_5 + a_7 + \cdots + a_{2k+1} = 2^{32} - 4$$

일 때, a_k를 구하시오. [6점]

22

수열 $1, \dfrac{1}{1+2}, \dfrac{1}{1+2+3}, \dfrac{1}{1+2+3+4}, \cdots$의 첫째항부터 제 30항까지의 합을 구하시오. [8점]

23

$a_1 = 1, a_2 = 2, a_{n+2} = 2a_{n+1} + a_n$ $(n=1, 2, 3, \cdots)$으로 정의된 수열 $\{a_n\}$이 있다. a_n을 5로 나눈 나머지를 b_n이라 할 때, $\sum\limits_{n=1}^{100} b_n$의 값을 구하시오. [8점]

수 학 Ⅰ

범위: 사인법칙 ~ 수열의 귀납적 정의

대상	2학년	고사일시	20 년 월 일	과목코드	09	시간	50분	점수	/100점

• 답안지에 필요한 인적 사항을 정확히 기입할 것.

• 객관식 문제의 답안 표기는 OMR카드에 반드시 컴퓨터용 사인펜을 사용하여 기입할 것.

• 주관식 문제의 답안 표기는 반드시 검은색 펜을 사용할 것.

객관식

01

모든 항이 양수인 등비수열 $\{a_n\}$에 대하여

$$\log_3 a_1 = 0, \ \log_3 a_3 = 2$$

일 때, $\log_3 a_5$의 값은? [3.3점]

① 4   ② 8   ③ 12

④ 16   ⑤ 20

02

$a_{10} - a_1 = 54$인 등차수열 $\{a_n\}$에 대하여 세 항 a_2, a_k, a_8은 이 순서대로 등차수열을 이루고, 세 항 a_1, a_2, a_k는 이 순서대로 등비수열을 이룬다. $k + a_1$의 값은? [3.3점]

① 7   ② 8   ③ 9

④ 10   ⑤ 11

03

$\sum\limits_{k=1}^{20} a_k = 10$, $\sum\limits_{k=1}^{20} a_k^2 = 20$일 때, $\sum\limits_{k=1}^{20} (2a_k - c)^2 = 240$을 만족시키는 양수 c의 값은? [3.3점]

① 2   ② 3   ③ 4

④ 5   ⑤ 6

04

수열 $\{a_n\}$이 모든 자연수 n에 대하여

$$2a_{n+1} = a_n + a_{n+2}$$

를 만족시킨다. $a_2 = -1$, $a_3 = 2$일 때, 수열 $\{a_n\}$의 첫째항부터 제10항까지의 합은? [3.3점]

① 75   ② 80   ③ 85

④ 90   ⑤ 95

아름다운샘

05

삼각형 ABC에서 $\sin A : \sin B : \sin C = 2 : 3 : 4$일 때, $\cos A$의 값은? [3.3점]

① $\dfrac{3}{8}$　　　　② $\dfrac{1}{2}$　　　　③ $\dfrac{5}{8}$

④ $\dfrac{3}{4}$　　　　⑤ $\dfrac{7}{8}$

06

그림과 같은 사각형 ABCD의 넓이는? [3.3점]

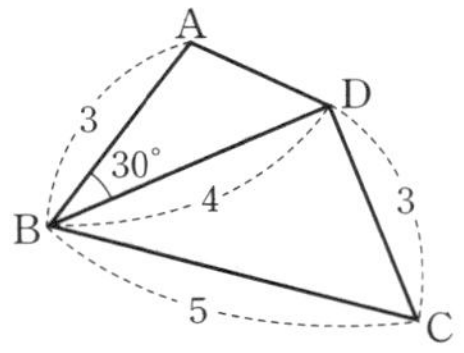

① 6　　　　　② 7

③ 8　　　　　④ 9

⑤ 10

07

그림과 같은 삼각형 ABC에서 $\overline{AB}=10$, $\overline{AC}=15$, $\angle A = 60°$이고 선분 AD는 $\angle A$의 이등분선일 때, 선분 AD의 길이는? [3.7점]

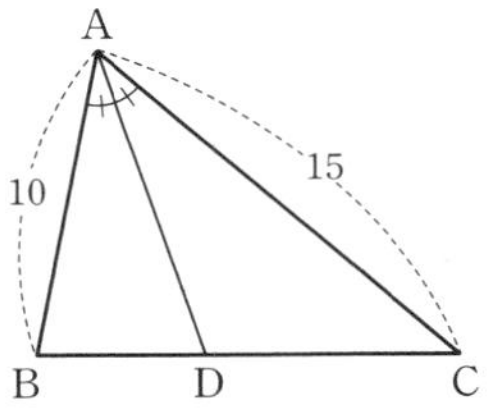

① 6　　　　　② $6\sqrt{2}$

③ $6\sqrt{3}$　　　　④ $6\sqrt{5}$

⑤ $6\sqrt{6}$

08

수열 $\{a_n\}$은 첫째항이 4, 공비가 3인 등비수열일 때, 수열 $\log_2 a_1, \log_2 a_2, \log_2 a_3, \cdots, \log_2 a_n$은 어떤 수열인가? [3.7점]

① 첫째항이 2, 공차가 $\log_2 3$인 등차수열

② 첫째항이 2, 공비가 $\log_2 3$인 등비수열

③ 첫째항이 4, 공차가 3인 등차수열

④ 첫째항이 4, 공비가 3인 등비수열

⑤ 첫째항이 4, 공비가 9인 등비수열

09

그림과 같이 높이가
30 m인 건물의 밑에서
옆 건물의 끝을 올려다본
각의 크기는 45°이고 이
건물의 옥상에서 옆 건물

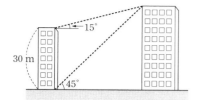

의 끝을 올려다본 각의 크기는 15°이다. 옆 건물의 높이는?

$\left(\text{단, 건물의 폭은 무시하고, } \cos 15° = \dfrac{\sqrt{6}+\sqrt{2}}{4} \text{로 계산한다.}\right)$

[3.7점]

① $15\sqrt{5}$ m   ② $15(\sqrt{2}+1)$ m   ③ $15\sqrt{6}$ m

④ $15(\sqrt{3}+1)$ m   ⑤ $15(\sqrt{2}+2)$ m

10

수열 $\{a_n\}$의 첫째항부터 제 n항까지의 합 S_n이 $S_n = n(n+3)$
일 때, $a_1 + a_3 + a_5 + \cdots + a_{2n-1} = 180$을 만족시키는 n의 값은?

[3.7점]

① 8   ② 9   ③ 10

④ 11   ⑤ 12

11

수열 $\{a_n\}$이

$$a_1 = 1,\ a_{n+1} = \begin{cases} \dfrac{1}{2}a_n & (a_n \geq 2) \\ \sqrt[3]{2}\,a_n & (a_n < 2) \end{cases}$$

을 만족시킬 때, a_{110}은? [3.7점]

① 1   ② $\sqrt[3]{2}$ ③ $\sqrt{2}$

④ $\sqrt[3]{4}$ ⑤ 2

12

공차가 4인 등차수열 $\{a_n\}$에 대하여

$$|a_2 - 3| = |a_4 - 7|$$

일 때, a_6은? [3.7점]

① 15   ② 16   ③ 17

④ 18   ⑤ 19

13

등차수열 $\{a_n\}$이 $\sum_{k=1}^{n} a_{2k-1} = 3n(n+1)$을 만족시킬 때, a_8은?

[4점]

① 19　　　　② 21　　　　③ 23

④ 25　　　　⑤ 27

14

두 수열 $\{a_n\}$, $\{b_n\}$이 모든 자연수 k에 대하여

$$b_{2k-1} = \left(\frac{1}{2}\right)^{a_1+a_3+a_5+\cdots+a_{2k-1}}, \quad b_{2k} = 2^{a_2+a_4+a_6+\cdots+a_{2k}}$$

을 만족시킨다. 수열 $\{a_n\}$은 등차수열이고,

$b_1 \times b_2 \times b_3 \times \cdots \times b_{10} = 8$일 때, 수열 $\{a_n\}$의 공차는? [4점]

① $\dfrac{1}{15}$　　　　② $\dfrac{2}{15}$　　　　③ $\dfrac{1}{5}$

④ $\dfrac{4}{15}$　　　　⑤ $\dfrac{1}{3}$

15

등차수열 $\{a_n\}$에 대하여 $a_1, a_3, a_5, \cdots, a_{19}$의 합을 S,

$a_2, a_4, a_6, \cdots, a_{20}$의 합을 T라 할 때, $T-S=50$이다.

$a_{20}=99$일 때, a_{30}은? [4점]

① 143　　　　② 145　　　　③ 147

④ 149　　　　⑤ 151

16

삼차방정식 $x^3+1=0$의 한 허근 ω에 대하여 $f(n)$을 ω^n의 실

수 부분으로 정의하자. 이때, $\sum_{k=1}^{999} \left(f(k)+\dfrac{1}{3}\right)$의 값은?

(단, n은 자연수) [4점]

① 328　　　　② 332　　　　③ 336

④ 340　　　　⑤ 344

17

$S = 19 \times 2^{10} - 17 \times 2^9 + 15 \times 2^8 - \cdots - 1 \times 2$일 때, $9S$의 값은?

[4점]

① $59 \times 2^{11} + 2$ ② $59 \times 2^{11} + 4$ ③ $59 \times 2^{11} + 8$

④ $118 \times 2^{11} + 2$ ⑤ $118 \times 2^{11} + 4$

18

등비수열 $\{a_n\}$과 등차수열 $\{b_n\}$이 다음 조건을 만족시킨다.

> (가) $a_1 + a_2 = 288$, $a_4 + a_5 = 36$
> (나) $b_2 + b_3 = 132$, $b_7 + b_8 = 12$

부등식 $a_n < b_n$이 성립하도록 하는 모든 자연수 n의 값의 합은?

[4점]

① 19   ② 21   ③ 23

④ 25   ⑤ 27

※ 다음은 서술형 문제입니다. 서술형 답안지에 풀이 과정과 답을 정확하게 서술하시오.

서술형 주관식

19

등차수열 $\{a_n\}$의 제3항이 21, 제5항이 43일 때, $a_k = 978$을 만족시키는 자연수 k의 값을 구하시오. [6점]

20

수열 $a_1, a_2, a_3, \cdots, a_n$은 0, 1, 2 중에서 어느 하나의 값을 갖는다.

$\sum\limits_{k=1}^{n} a_k = 35$, $\sum\limits_{k=1}^{n} a_k{}^2 = 55$일 때, $\sum\limits_{k=1}^{n} a_k{}^3$의 값을 구하시오. [6점]

아름다운샘

21

$a_1=4$, $a_n+a_{n+1}=n^2+5$ $(n=1, 2, 3, \cdots)$로 정의되는 수열 $\{a_n\}$에 대하여 a_{20}을 구하시오. [6점]

23

수열 $\{a_n\}$이 모든 자연수 n에 대하여 다음 조건을 만족시킨다.

㈎ a_n은 자연수이다.

㈏ $|a_n-\sqrt{n}|<\dfrac{1}{2}$

이때, $\displaystyle\sum_{n=1}^{90} a_n$의 값을 구하시오. [8점]

22

그림과 같이 모든 모서리의 길이가 1인 정사각뿔이 있다. 모서리 EC 위를 움직이는 점 P에 대하여 $\angle BPD=\theta$라 할 때, $\cos\theta$의 최솟값을 구하시오. [8점]

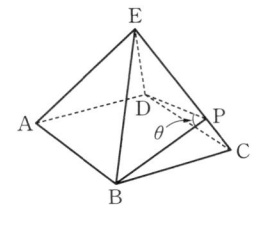

수 학 I

범위: 사인법칙 ~ 수열의 귀납적 정의

대상	2학년	고사일시	20 년 월 일	과목코드	10	시간	50분	점수	/100점

- 답안지에 필요한 인적 사항을 정확히 기입할 것.
- 객관식 문제의 답안 표기는 OMR카드에 반드시 컴퓨터용 사인펜을 사용하여 기입할 것.
- 주관식 문제의 답안 표기는 반드시 검은색 펜을 사용할 것.

객관식

01

수열 $\{a_n\}$에 대하여 $a_2 = 2$, $a_5 = 16$이고

$$a_{n+1}^2 = a_n a_{n+2} \ (n = 1, 2, 3, \cdots)$$

가 성립할 때, a_{10}은? [3.3점]

① 128   ② 192   ③ 256

④ 384   ⑤ 512

02

$\log x$, $\log y$, $\log z$가 이 순서대로 등차수열을 이룰 때, 다음 중 x, y, z의 관계로 항상 옳은 것은? [3.3점]

① $y = xz$ ② $z = xy$ ③ $x^2 = yz$

④ $y^2 = xz$ ⑤ $z^2 = xy$

03

모든 항이 양수인 등비수열 $\{a_n\}$에 대하여

$$a_1 = 2, \ \frac{a_4 a_5}{a_2 a_3} = 16$$

일 때, a_6은? [3.3점]

① 32   ② 48   ③ 64

④ 80   ⑤ 96

04

$\sum_{k=1}^{n} (k^2 - 1) - \sum_{k=1}^{n-1} (k^2 + 4) = 54$를 만족시키는 자연수 n의 값은? [3.3점]

① 10   ② 11   ③ 12

④ 13   ⑤ 14

아름다운샘

05

수열 $\{a_n\}$에 대하여 $a_n+a_{n+1}=n+2$ $(n\geq1)$일 때, $\sum\limits_{k=1}^{10} a_k$의 값은?

[3.3점]

① 4　　　　　② 8　　　　　③ 15

④ 24　　　　⑤ 35

06

그림과 같이 한 변의 길이가 3인 정사각형 ABCD가 있다. $\overline{AD}$를 $1:2$로 내분하는 점을 E, $\overline{CD}$를 $1:2$로 내분하는 점을 F라 하자. $\angle BEF=\theta$라 할 때, $\cos\theta$의 값은? [3.3점]

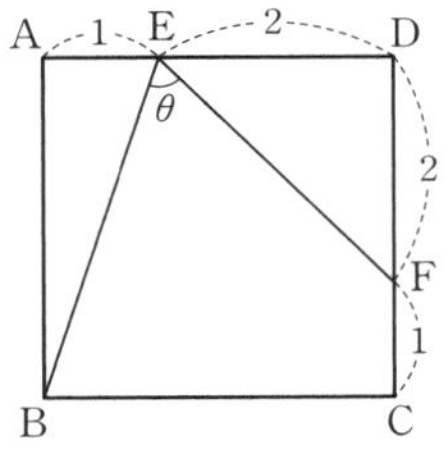

① $\dfrac{1}{10}$　　　　② $\dfrac{\sqrt{5}}{10}$

③ $\dfrac{1}{5}$　　　　④ $\dfrac{\sqrt{5}}{5}$

⑤ $\dfrac{2\sqrt{5}}{5}$

07

그림과 같이 넓이가 18인 $\triangle ABC$에서 $\overline{AB}$를 $2:1$로 내분하는 점을 P, $\overline{AC}$를 $1:2$로 내분하는 점을 Q라 할 때, 삼각형 APQ의 넓이는?

[3.7점]

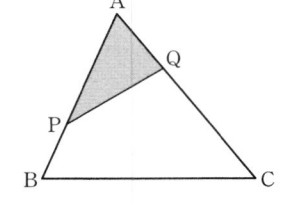

① 1　　　　　② 2　　　　　③ 3

④ 4　　　　　⑤ 5

08

$\triangle ABC$에서 $\sin^2 C=\sin^2 A+\sin^2 B$가 성립할 때, $\triangle ABC$는 어떤 삼각형인가? [3.7점]

① $A=90°$인 직각삼각형　　　② $B=90°$인 직각삼각형

③ $C=90°$인 직각삼각형　　　④ $\overline{BC}=\overline{CA}$인 이등변삼각형

⑤ 정삼각형

09

그림과 같이 원에 내접하는
□ABCD에 대하여 $\overline{AB}=1$,
$\overline{BC}=3$, $\overline{CD}=\overline{AD}=2$일 때,
선분 BD의 길이는? [3.7점]

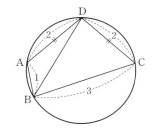

① 2　　　　　② $\sqrt{5}$

③ $\sqrt{6}$　　　④ $\sqrt{7}$

⑤ $2\sqrt{2}$

10

수열 $\{a_n\}$의 첫째항부터 제 n항까지의 합 S_n이 $S_n=3n^2-2n$일
때, a_{50}은? [3.7점]

① 295　　　② 305　　　③ 315

④ 325　　　⑤ 335

11

$\sum\limits_{k=1}^{n} \log_4 \dfrac{\sqrt{k+1}}{\sqrt{k}}=2$를 만족시키는 자연수 n의 값은? [3.7점]

① 63　　　② 64　　　③ 127

④ 128　　　⑤ 255

12

$a_1=19$, $a_6-a_5=-2$인 등차수열 $\{a_n\}$에 대하여
$|a_1|+|a_2|+|a_3|+\cdots+|a_{18}|$의 값은? [3.7점]

① 156　　　② 158　　　③ 160

④ 162　　　⑤ 164

13

$\sum\limits_{i=1}^{4}\left(\sum\limits_{j=1}^{i} ij\right)$의 값은? [4점]

① 60   ② 65   ③ 70

④ 75   ⑤ 80

14

수열 $\{a_n\}$에서 $S_n=\sum\limits_{k=1}^{n} a_k$라 할 때, $S_1=1$, $S_{n+1}=2S_n+3$ $(n\geq 1)$이 성립한다. 이때, 수열 $\{a_n\}$의 제12항은? [4점]

① $2^{11}+3$ ② 2^{12} ③ $2^{12}+3$

④ 2^{13} ⑤ $2^{13}+3$

15

세 수 x, y, z는 이 순서대로 공비가 r인 등비수열을 이룬다. 세 수의 합은 2이고, 세 수의 제곱의 합이 8일 때, 이를 만족하는 공비 r의 값의 합은? [4점]

① -3 ② -2 ③ -1

④ 1 ⑤ 2

16

두 등차수열 $\{a_n\}$, $\{b_n\}$의 첫째항부터 제n항까지의 합을 각각 S_n, S_n'이라 하자.

$$S_n : S_n' = (2n+1) : (3n-2)$$

가 성립할 때, $a_4 : b_4$는? [4점]

① $5 : 19$ ② $15 : 19$ ③ $19 : 25$

④ $23 : 25$ ⑤ $29 : 35$

17

매월 초에 일정한 금액을 월이율 1%, 한 달마다 복리로 적립하여 5년 후에 2000만 원을 만들려고 한다. 매달 얼마씩 적립해야 하는가?
(단, $1.01^{60} = 1.8$로 계산하고, 천 원 단위에서 반올림한다.) [4점]

① 23만 원　　　　② 24만 원　　　　③ 25만 원
④ 26만 원　　　　⑤ 27만 원

18

수열 $\{a_n\}$의 첫째항부터 제n항까지의 합 S_n이
$S_n = 3 \times 2^{n-1} + 17$일 때, 수열 $\{a_n\}$을 다시
$$(a_1), \ (a_2, a_3), \ (a_4, a_5, a_6), \ \cdots$$
과 같이 구분하여 제1군, 제2군, 제3군, $\cdots$이라 한다. 이때,
제5군의 모든 항의 합은? [4점]

① 31×2^{10}　　　　② 93×2^9　　　　③ 97×2^9
④ 93×2^{10}　　　　⑤ 97×2^{10}

※ 다음은 서술형 문제입니다. 서술형 답안지에 풀이 과정과 답을 정확하게 서술하시오.

서술형 주관식

19

등차수열 $\{a_n\}$에 대하여 $a_4 = 14$이고 $a_6 : a_{10} = 5 : 8$일 때, a_{14}를 구하시오. [6점]

20

첫째항이 $\dfrac{1}{2}$, 공비가 $\dfrac{1}{2}$인 등비수열 $\{a_n\}$에 대하여 수열 $\{b_n\}$을 $b_n = a_{2n}{}^2$으로 정의할 때, 수열 $\{b_n\}$은 첫째항이 b, 공비가 r인 등비수열이다. 두 실수 b, r에 대하여 $\dfrac{b}{r}$의 값을 구하시오.

[6점]

21

반지름의 길이가 13인 원에 내접하는 삼각형 ABC에서 한 변의 길이가 10이고, $\sin C = \sin A \cos B$를 만족시킬 때, 삼각형 ABC의 둘레의 길이를 구하시오. [6점]

22

유리함수 $y = \dfrac{1}{x(x+1)}$ $(x > 0)$의 그래프는 그림과 같다.

직선 $x = n$ $(n = 1, 2, 3, \cdots)$이 곡선 $y = \dfrac{1}{x(x+1)}$과 x축에

의하여 잘린 선분의 길이를 l_n이라 하면 $\sum\limits_{n=1}^{50} l_n$의 값을 구하시

오. [8점]

23

그림과 같이 좌표평면의 제 1 사분면을 한 변의 길이가 1인 정사각형들로 나누어 자연수를 적는다. 함수 $y = \sqrt{x}$ $(0 \le x \le n)$의 그래프가 지나는 한 변의 길이가 1인 정사각형에 적혀 있는 모든 수의 합을 a_n이라 할 때, a_{100}을 구하시오.

(단, 그래프가 정사각형의 내부를 지나지 않는 경우는 제외한다.)

[8점]

• 답안지에 필요한 인적 사항을 정확히 기입할 것.
• 객관식 문제의 답안 표기는 OMR카드에 반드시 컴퓨터용 사인펜을 사용하여 기입할 것.
• 주관식 문제의 답안 표기는 반드시 검은색 펜을 사용할 것.

객관식

01

$\cos\theta = \dfrac{1}{\sqrt{2}}$ 일 때, $\dfrac{1-\sin\theta}{\cos\theta} + \dfrac{\cos\theta}{1-\sin\theta}$ 의 값은? [4점]

① $-2\sqrt{2}$ ② $-\sqrt{2}$ ③ $\sqrt{2}$

④ 2 ⑤ $2\sqrt{2}$

02

$\sin\theta + \cos\theta = \dfrac{4}{3}$ 일 때, $\sin^3\theta + \cos^3\theta$의 값은? [4점]

① $\dfrac{19}{27}$ ② $\dfrac{20}{27}$ ③ $\dfrac{7}{9}$

④ $\dfrac{22}{27}$ ⑤ $\dfrac{23}{27}$

03

$\dfrac{\sqrt{\sin\theta}}{\sqrt{\cos\theta}} = -\sqrt{\tan\theta}$를 만족시키는 각 θ에 대하여

$$|\sin\theta| - \sqrt{\cos^2\theta} + |1+\sin\theta| + \sqrt{(\cos\theta-\sin\theta)^2}$$

을 간단히 하면? (단, $\sin\theta \neq 0$) [4점]

① $1-3\sin\theta$ ② $1-3\cos\theta$ ③ 1

④ $1+3\sin\theta$ ⑤ $1+3\cos\theta$

04

이차방정식 $x^2-x+a=0$의 두 근이 $\sin\theta+\cos\theta$, $\sin\theta-\cos\theta$일 때, 상수 a의 값은? [4점]

① $-\dfrac{1}{2}$ ② $-\dfrac{1}{3}$ ③ $-\dfrac{1}{4}$

④ $\dfrac{1}{4}$ ⑤ $\dfrac{1}{2}$

05

그림과 같이 좌표평면 위의 단위원을 10등분하여 각 분점을 차례로 P_0, P_1, P_2, $\cdots$, P_9라 하자. $\angle P_0OP_1 = \theta$라고 할 때

$$\sin\theta + \sin 2\theta + \sin 3\theta + \cdots + \sin 10\theta$$

의 값은? (단, 점 P_0의 좌표는 $P_0(1, 0)$이다.) [5점]

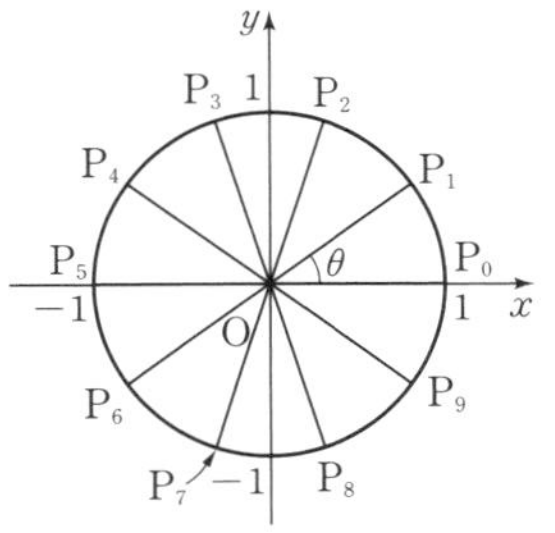

① -1 ② 0 ③ 1
④ 2 ⑤ 3

06

이차방정식 $2x^2 - x + k = 0$의 두 근이 $\sin\theta$, $\cos\theta$이고, 이차방정식 $ax^2 + bx + 6 = 0$의 두 근이 $\tan\theta$, $\dfrac{1}{\tan\theta}$이다. 이때, 상수 a, b, k에 대하여 abk의 값은? [5점]

① -64 ② -68 ③ -72
④ -76 ⑤ -80

※ 다음은 서술형 문제입니다. 서술형 답안지에 풀이 과정과 답을 정확하게 서술하시오.

서술형 주관식

07

x에 대한 이차방정식 $2x^2 + \cos\theta \times x + 3\cos\theta\tan\theta = 0$이 서로 다른 부호의 실근을 가지고 음수인 근의 절댓값이 양수인 근보다 크도록 θ의 값을 정할 때, $\sqrt{(\sin\theta - \cos\theta)^2} - |\sin\theta|$를 간단히 하시오. (단, $\cos\theta \neq 0$) [6점]

08

원점 O와 곡선 $y = \dfrac{4}{x}$ $(x > 0)$ 위의 점 P에 대하여 동경 OP가 나타내는 각을 θ라 할 때, $\dfrac{1}{\sin\theta\cos\theta}$의 최솟값을 구하시오.

[8점]

- 답안지에 필요한 인적 사항을 정확히 기입할 것.
- 객관식 문제의 답안 표기는 OMR카드에 반드시 컴퓨터용 사인펜을 사용하여 기입할 것.
- 주관식 문제의 답안 표기는 반드시 검은색 펜을 사용할 것.

객관식

01

그림은 삼각함수 $y=2\cos x$의 그래프의 일부이다.

$\dfrac{b+c}{a}$ 의 값은? [4점]

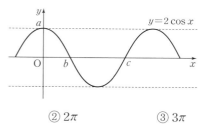

① π ② 2π ③ 3π

④ 4π ⑤ 5π

02

그림은 함수 $f(x)=a\tan(bx-c)$의 그래프이다. 세 상수 a, b, c에 대하여 abc의 값은? (단, $a>0$, $b>0$, $0<c<\pi$)

[4점]

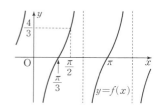

① $\dfrac{\pi}{5}$ ② $\dfrac{\pi}{4}$ ③ $\dfrac{\pi}{3}$

④ $\dfrac{\pi}{2}$ ⑤ π

03

$\dfrac{\sin\left(\dfrac{\pi}{2}+\theta\right)}{\sin\left(\dfrac{\pi}{2}-\theta\right)\cos^2\theta}+\dfrac{\cos\left(\dfrac{3}{2}\pi+\theta\right)\tan^2(\pi-\theta)}{\sin(\pi+\theta)}$ 의 값은?

[4점]

① -1 ② 0 ③ 1

④ 2 ⑤ 3

04

함수 $y=\sin x-|\sin x|$의 그래프에 대한 다음 설명 중 옳지 <u>않은</u> 것은? [4점]

① 주기는 2π이다.

② 최댓값은 0이다.

③ 최솟값은 -2이다.

④ 원점에 대하여 대칭이다.

⑤ 직선 $x=\dfrac{\pi}{2}$에 대하여 대칭이다.

05

함수 $y=-\sin^2 x+2\cos x+1$의 최댓값을 M, 최솟값을 m 이라 할 때, $M-m$의 값은? [5점]

① 3 　　　　② 4 　　　　③ 5

④ 6 　　　　⑤ 7

06

그림의 그래프가 나타내는 식이 $y=\sin(ax+b)$일 때, 두 상수 a, b에 대하여 ab의 값은? (단, $a>0$, $-\pi<b<\pi$) [5점]

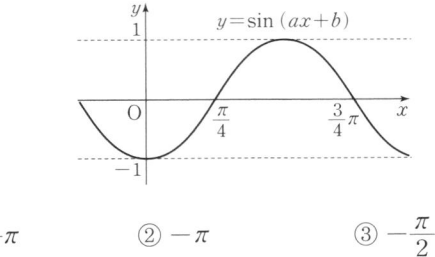

① $-\dfrac{3}{2}\pi$ 　　　　② $-\pi$ 　　　　③ $-\dfrac{\pi}{2}$

④ $\dfrac{\pi}{2}$ 　　　　⑤ π

※ 다음은 서술형 문제입니다. 서술형 답안지에 풀이 과정과 답을 정확하게 서술하시오.

서술형 주관식

07

두 함수 $y=4\sin 3x$, $y=3\cos 2x$의 그래프가 x축과 만나는 점을 각각 A$(a, 0)$, B$(b, 0)$이라 하자. $y=4\sin 3x$의 그래프 위의 임의의 점 P에 대하여 삼각형 ABP의 넓이의 최댓값을 구하시오. $\left(\text{단, } 0<a<\dfrac{\pi}{2}<b<\pi\right)$ [6점]

08

두 함수 $f(x)=a\sin x-b$, $g(x)=-2x+1$에 대하여 합성함수 $(g\circ f)(x)$의 최댓값이 13, 최솟값이 -19일 때, 두 상수 a, b에 대하여 ab의 값을 구하시오. (단, $a>0$) [8점]

[부록 3회] 삼각함수의 그래프

대상	2학년	고사일시	20 년 월 일	과목코드	03	시간	20분	점수	/40점

- 답안지에 필요한 인적 사항을 정확히 기입할 것.
- 객관식 문제의 답안 표기는 OMR카드에 반드시 컴퓨터용 사인펜을 사용하여 기입할 것.
- 주관식 문제의 답안 표기는 반드시 검은색 펜을 사용할 것.

객관식

01

방정식 $2\sin^2 x = 1 - \cos x$의 모든 근의 합은?

(단, $0 \leq x \leq 2\pi$) [4점]

① 2π ② $\dfrac{5}{2}\pi$ ③ 3π

④ $\dfrac{7}{2}\pi$ ⑤ 4π

02

방정식 $3\cos \pi x = \dfrac{1}{2}|x-1|$의 실근의 개수는? [4점]

① 8 ② 9 ③ 10
④ 11 ⑤ 12

03

x에 대한 이차방정식 $x^2 - 4x + 5\tan^2\left(\theta - \dfrac{\pi}{6}\right) - 1 = 0$이 실근을 갖도록 하는 θ의 값의 범위는? $\left(단, -\dfrac{\pi}{2} < \theta < \dfrac{\pi}{2}\right)$ [4점]

① $-\dfrac{\pi}{4} \leq \theta \leq \dfrac{\pi}{4}$ ② $-\dfrac{\pi}{6} \leq \theta \leq \dfrac{5}{12}\pi$

③ $-\dfrac{\pi}{8} \leq \theta \leq \dfrac{\pi}{4}$ ④ $-\dfrac{\pi}{12} \leq \theta \leq \dfrac{5}{12}\pi$

⑤ $-\dfrac{\pi}{16} \leq \theta \leq \dfrac{\pi}{4}$

04

부등식 $\sin^2\left(x + \dfrac{\pi}{2}\right) + 2\sin x + k \leq 0$이 모든 실수 x에 대하여 항상 성립하도록 하는 실수 k의 값의 범위는? [4점]

① $k \leq -4$ ② $k \leq -2$ ③ $-2 \leq k \leq 0$
④ $2 \leq k \leq 4$ ⑤ $k \geq 4$

아름다운샘

05

$0<x<2\pi$에서 방정식 $2\cos^2 x-\cos x-1=k$가 서로 다른 4개의 실근을 갖도록 하는 실수 k의 값의 범위가 $\alpha<k<\beta$일 때, $\beta-\alpha$의 값은? [5점]

① $\dfrac{9}{8}$　　　　② 1　　　　③ $\dfrac{7}{8}$

④ $\dfrac{3}{4}$　　　　⑤ $\dfrac{5}{8}$

06

$0\le x\le\dfrac{3}{2}\pi$에서 방정식 $\cos(\pi\cos x)=0$의 해를 $\theta_1,\ \theta_2,\ \theta_3$ 이라 할 때, $\theta_1+\theta_2+\theta_3$의 값은? [5점]

① $\dfrac{5}{3}\pi$　　　　② 2π　　　　③ $\dfrac{7}{3}\pi$

④ $\dfrac{8}{3}\pi$　　　　⑤ 3π

※ 다음은 서술형 문제입니다. 서술형 답안지에 풀이 과정과 답을 정확하게 서술하시오.

서술형 주관식

07

$0<x<\dfrac{3}{2}\pi$에서 $\cos 2x=p$를 만족시키는 x의 값의 합을 k라 하면 $\cos k=\dfrac{1}{2}$이다. $2\left(\sin\dfrac{k}{2}-\cos\dfrac{k}{2}\right)$의 값을 구하시오.

(단, $-1<p<0$) [6점]

08

$0\le x\le 2\pi$에서 부등식 $2\cos^2\left(x-\dfrac{\pi}{3}\right)-5\cos\left(x+\dfrac{\pi}{6}\right)\ge4$를 만족시키는 x의 최댓값을 구하시오. [8점]

• 답안지에 필요한 인적 사항을 정확히 기입할 것.
• 객관식 문제의 답안 표기는 OMR카드에 반드시 컴퓨터용 사인펜을 사용하여 기입할 것.
• 주관식 문제의 답안 표기는 반드시 검은색 펜을 사용할 것.

※ 다음은 서술형 문제입니다. 서술형 답안지에 풀이 과정과 답을 정확하게 서술하시오.

서술형 주관식

01

모든 자연수 n에 대하여

$$1+2+3+\cdots+n=\frac{n(n+1)}{2}$$

이 성립함을 수학적 귀납법으로 증명하시오. [4점]

02

모든 자연수 n에 대하여 다음 등식이 성립함을 수학적 귀납법으로 증명하시오. [4점]

$$1^2+2^2+3^2+\cdots+n^2=\frac{n(n+1)(2n+1)}{6}$$

03

모든 자연수 n에 대하여 다음 등식이 성립함을 수학적 귀납법으로 증명하시오. [4점]

$$1^3+2^3+3^3+\cdots+n^3=\left\{\frac{n(n+1)}{2}\right\}^2$$

04

모든 자연수 n에 대하여 다음 등식이 성립함을 수학적 귀납법으로 증명하시오. [4점]

$$1+3+3^2+\cdots+3^{n-1}=\frac{1}{2}(3^n-1)$$

아름다운샘

05

$h>0$일 때, $n\geq2$인 모든 자연수 n에 대하여 다음 부등식이 성립함을 수학적 귀납법으로 증명하시오. [5점]

$$(1+h)^n>1+nh$$

06

$n>3$인 모든 자연수 n에 대하여 부등식 $2^n\geq n^2$이 성립함을 수학적 귀납법으로 증명하시오. [5점]

07

$n\geq2$인 모든 자연수 n에 대하여 다음 부등식이 성립함을 수학적 귀납법으로 증명하시오. [6점]

$$1+\frac{1}{2}+\frac{1}{3}+\cdots+\frac{1}{n}>\frac{2n}{n+1}$$

08

$n\geq2$인 자연수 n에 대하여 다음 부등식이 성립함을 수학적 귀납법으로 증명하시오. [8점]

$$1+\frac{1}{2^2}+\frac{1}{3^2}+\cdots+\frac{1}{n^2}<2-\frac{1}{n}$$

아름다운샘

아름다운샘 내신FINAL

A~ssam 샘

고2 수학 I

정답 및 해설

20○○학년도 2학년 1학기 기말고사(1회)

01 ①	02 ③	03 ②	04 ⑤	05 ①
06 ③	07 ⑤	08 ④	09 ②	10 ④
11 ①	12 ⑤	13 ④	14 ③	15 ⑤
16 ③	17 ②	18 ④	19 $\dfrac{\sqrt{10}}{4}$	20 243
21 $\dfrac{450}{11}$	22 19	23 54		

01 첫째항을 a, 공비를 r라 하면
$a_6 = a_3 r^3 = 2r^3 = 16$ $\quad \therefore r^3 = 8$
$\therefore a_9 = a_6 r^3 = 16 \times 8 = 128$

02 $a_1 = 3$, $a_{n+1} = a_n + 4n$이므로
$a_2 = a_1 + 4 \times 1 = 3 + 4 = 7$
$a_3 = a_2 + 4 \times 2 = 7 + 8 = 15$
$a_4 = a_3 + 4 \times 3 = 15 + 12 = 27$
$a_5 = a_4 + 4 \times 4 = 27 + 16 = 43$

03 주어진 등차수열은 첫째항이 2, 공차가 4이므로 일반항 a_n은
$a_n = 2 + (n-1) \times 4 = 4n - 2$
$4n - 2 > 200$에서 $4n > 202$
$\therefore n > 50.5$
따라서 주어진 수열은 제51항에서 처음으로 200보다 커지게 된다.

04 등차수열 $\{a_n\}$의 첫째항을 a, 공차를 d라 하면
$a_9 = 7a_5$에서 $a + 8d = 7(a + 4d)$
$\therefore 3a + 10d = 0$ $\quad \cdots\cdots \bigcirc$
$a_3 + a_7 = 4$에서 $(a + 2d) + (a + 6d) = 4$
$\therefore a + 4d = 2$ $\quad \cdots\cdots \bigcirc$
$\bigcirc$, $\bigcirc$을 연립하여 풀면
$a = -10$, $d = 3$
$\therefore a_{19} = a + 18d = -10 + 18 \times 3 = 44$

05 $2a_{n+1} = a_n + a_{n+2}$에서 $a_{n+1} - a_n = a_{n+2} - a_{n+1}$이므로
수열 $\{a_n\}$은 첫째항이 2, 공차가 $5 - 2 = 3$인 등차수열이다.
$\therefore a_n = 2 + (n-1) \times 3 = 3n - 1$
$\therefore \sum_{k=1}^{10} a_k = \sum_{k=1}^{10} (3k-1) = 3\sum_{k=1}^{10} k - \sum_{k=1}^{10} 1$
$\qquad = 3 \times \dfrac{10 \times 11}{2} - 1 \times 10 = 155$

06 등비수열 $\{a_n\}$의 공비를 r라 하면
$a_6 = a_1 r^5 = r^5 = 4$
$S_{10} = \dfrac{r^{10}-1}{r-1}$, $S_{20} = \dfrac{r^{20}-1}{r-1}$ 이므로
$\dfrac{S_{20}}{S_{10}} = \dfrac{r^{20}-1}{r^{10}-1} = \dfrac{(r^{10}-1)(r^{10}+1)}{r^{10}-1}$
$\qquad = r^{10} + 1 = (r^5)^2 + 1$
$\qquad = 4^2 + 1 = 17$

07 $S_n = \dfrac{n\{2 \times 30 + (n-1) \times (-4)\}}{2}$
$\qquad = -2n^2 + 32n$
$\qquad = -2(n-8)^2 + 128$
따라서 $n = 8$일 때, S_n은 최댓값 128을 갖는다.

[다른 풀이]
양수인 항을 모두 더하면 S_n이 최대가 되므로
$a_n = 30 + (n-1) \times (-4)$
$\quad = -4n + 34 > 0$
$\therefore n < 8.5$
따라서 $n = 8$일 때까지 a_n이 양수이므로 S_n이 최대가 되는 n의 값은 8이다.

08 $\sum_{k=1}^{5} a_{2k-1} = (a_1 + a_3 + a_5 + a_7 + a_9)$
$\qquad = (a_1 + a_2 + a_3 + a_4 + \cdots + a_9 + a_{10})$
$\qquad\qquad\qquad\qquad - (a_2 + a_4 + \cdots + a_{10})$
$\qquad = \sum_{k=1}^{10} a_k - \sum_{k=1}^{5} a_{2k}$
$\qquad = 16 - 7 = 9$

09 $\sum_{k=1}^{10} a_k = A$, $\sum_{k=1}^{10} b_k = B$라 하면
$\sum_{k=1}^{10} (a_k + b_k) = \sum_{k=1}^{10} a_k + \sum_{k=1}^{10} b_k$
$\qquad\qquad = A + B = 140$ $\quad \cdots\cdots \bigcirc$
$\sum_{k=1}^{10} (3a_k - 2b_k) = 3\sum_{k=1}^{10} a_k - 2\sum_{k=1}^{10} b_k$
$\qquad\qquad = 3A - 2B = 40$ $\quad \cdots\cdots \bigcirc$
$\bigcirc$, $\bigcirc$을 연립하여 풀면
$A = 64$, $B = 76$
$\therefore \sum_{k=1}^{10} (2a_k - b_k) = 2\sum_{k=1}^{10} a_k - \sum_{k=1}^{10} b_k$
$\qquad\qquad = 2A - B$
$\qquad\qquad = 128 - 76$
$\qquad\qquad = 52$

10 $\overline{BC} = a$라 하면 $c^2 = a^2 + b^2 - 2ab\cos C$이므로
$(2\sqrt{5})^2 = a^2 + (2\sqrt{2})^2 - 2a \times 2\sqrt{2} \times \cos 45°$
$20 = a^2 + 8 - 4\sqrt{2}a \times \dfrac{\sqrt{2}}{2}$
$a^2 - 4a - 12 = 0$
$(a-6)(a+2) = 0$
$a > 0$이므로 $a = 6$
$\therefore \overline{BC} = 6$

11 $a_1 + a_2 + a_3 + \cdots + a_n = -150$이므로
$(-42) + a_1 + a_2 + a_3 + \cdots + a_n + 12 = -180$
$\dfrac{(n+2)\{(-42) + 12\}}{2} = -180$
$\therefore n = 10$

12 삼각형 ABC에서 제이 코사인법칙에 의하여

$$\overline{BC}^2 = \overline{AB}^2 + \overline{AC}^2 - 2 \times \overline{AB} \times \overline{AC} \times \cos A$$
$$= 80^2 + 100^2 - 2 \times 80 \times 100 \times \cos 60°$$
$$= 16400 - 16000 \times \frac{1}{2}$$
$$= 8400$$
$$\therefore \overline{BC} = \sqrt{8400} \ (\because \overline{BC} > 0)$$

연못의 반지름의 길이를 R m라 하면

사인법칙에 의하여

$$\frac{\overline{BC}}{\sin 60°} = 2R$$

$$\therefore R = \frac{\sqrt{8400}}{\sqrt{3}} = \sqrt{2800}$$

따라서 연못의 넓이는 $\pi R^2 = 2800\pi \,(\text{m}^2)$

13 $a : b : c = 3 : 5 : 7$이므로

$a = 3m, b = 5m, c = 7m \ (m > 0)$으로 놓으면

가장 긴 변에 대응하는 각이 최대각이므로 최대각은 C이다.

$$\cos C = \frac{(3m)^2 + (5m)^2 - (7m)^2}{2 \times 3m \times 5m}$$

$$= \frac{9m^2 + 25m^2 - 49m^2}{30m^2}$$

$$= -\frac{1}{2}$$

$$\therefore C = 120° \ (\because 0° < C < 180°)$$

핵심 포인트

삼각형에서 길이가 가장 긴 변의 대각이 최대각이다.

14 사각형 ABCD에서 □ABCD = △ACD + △ABC

$$\triangle ACD = \frac{1}{2} \times 3 \times 5 \times \sin 120°$$

$$= \frac{15}{2} \times \frac{\sqrt{3}}{2}$$

$$= \frac{15\sqrt{3}}{4}$$

△ACD에서 제이 코사인법칙에 의하여

$$\overline{AC}^2 = 3^2 + 5^2 - 2 \times 3 \times 5 \times \cos 120°$$

$$= 34 - 30 \times \left(-\frac{1}{2}\right)$$

$$= 49$$

$$\therefore \overline{AC} = 7 \ (\because \overline{AC} > 0)$$

△ABC에서 $\cos B = \dfrac{4^2 + 9^2 - 7^2}{2 \times 4 \times 9} = \dfrac{2}{3}$이므로

$$\sin B = \sqrt{1 - \left(\frac{2}{3}\right)^2} = \frac{\sqrt{5}}{3}$$

$$\therefore \triangle ABC = \frac{1}{2} \times 4 \times 9 \times \frac{\sqrt{5}}{3} = 6\sqrt{5}$$

따라서 □ABCD의 넓이가 $\dfrac{15\sqrt{3}}{4} + 6\sqrt{5}$이므로

$$a = \frac{15}{4}, b = 6 \qquad \therefore ab = \frac{45}{2}$$

15 $(a+b) : (b+c) : (c+a) = 5 : 7 : 6$이므로

$k > 0$에 대하여

$$\begin{cases} a + b = 5k & \cdots\cdots \text{㉠} \\ b + c = 7k & \cdots\cdots \text{㉡} \\ c + a = 6k & \cdots\cdots \text{㉢} \end{cases}$$

㉠+㉡+㉢을 하면

$$2(a + b + c) = 18k$$

$$\therefore a + b + c = 9k \quad \cdots\cdots \text{㉣}$$

㉣－㉠에서 $c = 4k$

㉣－㉡에서 $a = 2k$

㉣－㉢에서 $b = 3k$

$$\therefore a : b : c = 2 : 3 : 4$$

사인법칙에 의하여

$$\sin A : \sin B : \sin C = a : b : c = 2 : 3 : 4$$

$\sin A = 2l, \sin B = 3l, \sin C = 4l \ (l > 0)$이라 하면

$$\frac{\sin B \sin C}{\sin^2 A} = \frac{3l \times 4l}{(2l)^2} = \frac{12l^2}{4l^2} = 3$$

16 이차방정식 $x^2 - x + n(n+1) = 0$의 두 근이 α_n, β_n이므로 근과

계수의 관계에 의하여

$$\alpha_n + \beta_n = 1, \ \alpha_n \beta_n = n(n+1)$$

$$\therefore \sum_{n=1}^{100} \left(\frac{1}{\alpha_n} + \frac{1}{\beta_n}\right) = \sum_{n=1}^{100} \frac{\alpha_n + \beta_n}{\alpha_n \beta_n}$$

$$= \sum_{n=1}^{100} \frac{1}{n(n+1)}$$

$$= \sum_{n=1}^{100} \left(\frac{1}{n} - \frac{1}{n+1}\right)$$

$$= \left(\frac{1}{1} - \frac{1}{2}\right) + \left(\frac{1}{2} - \frac{1}{3}\right) + \cdots$$

$$+ \left(\frac{1}{100} - \frac{1}{101}\right)$$

$$= 1 - \frac{1}{101} = \frac{100}{101}$$

17 등차수열 a, b, c의 공차를 d라 하면

$a = b - d, c = b + d$

한편, a, b, c는 삼각형의 세 내각의 크기이므로

$$a + b + c = 180°$$

$$(b - d) + b + (b + d) = 180°, \ 3b = 180°$$

$$\therefore b = 60°, \ a = 60° - d, \ c = 60° + d$$

이때, $b, 3a, 3c$가 이 순서대로 등비수열을 이루므로

$$(3a)^2 = b \times 3c$$

$$(180° - 3d)^2 = 60° \times 3(60° + d)$$

$$(d - 20°)(d - 120°) = 0$$

$$\therefore d = 20° \ \text{또는} \ d = 120°$$

이때, $0 < a < b < c$이어야 하므로 $d = 20°$

$$\therefore a = 60° - d = 60° - 20° = 40°$$

18 수열 $\{a_n\}$의 첫째항부터 제n항까지의 합 S_n이

$S_n = 6n^2 + kn$이므로 $a_1 = S_1 = 6 + k$

$$a_n = S_n - S_{n-1}$$

$$= (6n^2 + kn) - \{6(n-1)^2 + k(n-1)\}$$

$$= 12n - 6 + k$$

$$= 6 + k + 12(n-1) \ (\text{단, } n \geq 2)$$

그런데 수열 $\{a_n\}$은 공차가 k인 등차수열을 이루므로
$k=12$
$\therefore a_1=6+k=6+12=18$

19 $\triangle$ABC에서 사인법칙에 의하여
$$\frac{8}{\sin 60°}=\frac{4\sqrt{2}}{\sin B}$$
$$\therefore \sin B=\frac{4\sqrt{2}\sin 60°}{8}$$
$$=\frac{4\sqrt{2}\times\frac{\sqrt{3}}{2}}{8}$$
$$=\frac{\sqrt{6}}{4} \qquad \cdots\cdots\text{㉮}$$
이때, $\sin^2 B+\cos^2 B=1$이므로
$$\cos^2 B=1-\sin^2 B$$
$$=1-\left(\frac{\sqrt{6}}{4}\right)^2$$
$$=\frac{10}{16}$$
$$\therefore \cos B=\sqrt{\frac{10}{16}}$$
$$=\frac{\sqrt{10}}{4} \; (\because 0°<\angle\text{B}<90°) \qquad \cdots\cdots\text{㉯}$$

채점 기준	배점
㉮ $\sin B=\frac{\sqrt{6}}{4}$ 구하기	3점
㉯ 답 구하기	3점

20 등비수열 $\{a_n\}$의 첫째항을 a, 공비를 r라 하면
$$a+ar+ar^2+\cdots+ar^9=27 \qquad \cdots\cdots㉠$$
또 $ar^{10}+ar^{11}+ar^{12}+\cdots+ar^{19}=81$
$$r^{10}(a+ar+ar^2+\cdots+ar^9)=81 \qquad \cdots\cdots㉡$$
㉡÷㉠을 하면 $r^{10}=3$ $\qquad \cdots\cdots\text{㉮}$
따라서 제21항부터 제30항까지의 합은
$$ar^{20}+ar^{21}+ar^{22}+\cdots+ar^{29}$$
$$=r^{20}(a+ar+ar^2+\cdots+ar^9)$$
$$=3^2\times 27=243 \qquad \cdots\cdots\text{㉯}$$

[다른 풀이]
첫째항부터 제10항까지의 합을 A,
제11항부터 제20항까지의 합을 B,
제21항부터 제30항까지의 합을 C라 하면
A, B, C는 이 순서대로 등비수열을 이룬다.
27, 81, C에서 $81^2=27C$이므로
$C=243$

채점 기준	배점
㉮ $r^{10}=3$ 구하기	3점
㉯ 답 구하기	3점

> **핵심 포인트**
>
> 등비수열 $\{a_n\}$에서 S_n, $S_{2n}-S_n$, $S_{3n}-S_{2n}$은 이 순서대로 등비수열을 이룬다.

21 $\sum_{k=1}^{10}\frac{(2k+1)^2}{k(k+1)}=\sum_{k=1}^{10}\frac{4(k^2+k)+1}{k^2+k}=\sum_{k=1}^{10}\left\{4+\frac{1}{k(k+1)}\right\}$
$$=4\times 10+\sum_{k=1}^{10}\frac{1}{k(k+1)}$$
$$=40+\sum_{k=1}^{10}\left(\frac{1}{k}-\frac{1}{k+1}\right) \qquad \cdots\cdots\text{㉮}$$
$$=40+\left\{\left(\frac{1}{1}-\frac{1}{2}\right)+\left(\frac{1}{2}-\frac{1}{3}\right)+\left(\frac{1}{3}-\frac{1}{4}\right)+\cdots\right.$$
$$\left.+\left(\frac{1}{10}-\frac{1}{11}\right)\right\}$$
$$=40+\left(1-\frac{1}{11}\right)=\frac{450}{11} \qquad \cdots\cdots\text{㉯}$$

채점 기준	배점
㉮ $40+\sum_{k=1}^{10}\left(\frac{1}{k}-\frac{1}{k+1}\right)$로 변형하기	3점
㉯ 답 구하기	3점

22 $f(x)=\frac{1}{\sqrt{x+2}+\sqrt{x+1}}=\sqrt{x+2}-\sqrt{x+1}$ 이므로
$$g(n)=\sum_{k=0}^{n}f(k)=\sum_{k=0}^{n}(\sqrt{k+2}-\sqrt{k+1})$$
$$=(\sqrt{2}-\sqrt{1})+(\sqrt{3}-\sqrt{2})+\cdots+(\sqrt{n+2}-\sqrt{n+1})$$
$$=\sqrt{n+2}-1 \qquad \cdots\cdots\text{㉮}$$
이때, $g(n)$이 정수이려면 $1\le n\le 400$에서 $n+2$가 제곱수이어야 하므로 $\qquad \cdots\cdots\text{㉯}$
$$n+2=2^2, 3^2, \cdots, 20^2$$
즉, $n=2^2-2, 3^2-2, \cdots, 20^2-2$
따라서 구하는 n의 개수는 19이다. $\qquad \cdots\cdots\text{㉰}$

채점 기준	배점
㉮ $g(n)=\sqrt{n+2}-1$ 구하기	3점
㉯ $g(n)$이 정수가 되는 조건 구하기	3점
㉰ 답 구하기	2점

23 $a_n=\frac{1}{9}(10^n-1)$에서
$$a_1=\frac{1}{9}(10-1)=1, \; a_2=\frac{1}{9}(10^2-1)=11$$
$$a_3=\frac{1}{9}(10^3-1)=111, \; a_4=\frac{1}{9}(10^4-1)=1111$$
$$\vdots$$
$$a_9=\frac{1}{9}(10^9-1)=111111111 \qquad \cdots\cdots\text{㉮}$$
또 $b_1=1$, $b_{n+1}=b_n+a_{n+1}$에서
$$b_2=b_1+a_2=1+11=12$$
$$b_3=b_2+a_3=12+111=123$$
$$b_4=b_3+a_4=123+1111=1234$$
$$\vdots$$
이므로 $b_9=123456789 \qquad \cdots\cdots\text{㉯}$
$\therefore a+b=9+45=54 \qquad \cdots\cdots\text{㉰}$

채점 기준	배점
㉮ $a_9=111111111$ 구하기	3점
㉯ $b_9=123456789$ 구하기	3점
㉰ 답 구하기	2점

01 공비를 r라 하면 첫째항이 3, 제4항이 -81이므로
$3 \times r^3 = -81$, $r^3 = -27$
$\therefore r = -3$
따라서 $a = 3 \times (-3) = -9$, $b = (-9) \times (-3) = 27$이므로
$a + b = 18$

02 $a_1 = 2$, $a_{n+1} = 2a_n$이므로 수열 $\{a_n\}$은 첫째항이 2, 공비가 2인 등비수열이다.
$\therefore a_1 + a_2 + a_3 + \cdots + a_8 = \dfrac{2(2^8 - 1)}{2 - 1} = 510$

03 $a_1 = 1$, $a_{n+1} = a_n + n^2$이므로
$a_2 = a_1 + 1^2 = 1 + 1 = 2$
$a_3 = a_2 + 2^2 = 2 + 4 = 6$
$a_4 = a_3 + 3^2 = 6 + 9 = 15$
$a_5 = a_4 + 4^2 = 15 + 16 = 31$

04 $\displaystyle\sum_{k=1}^{9} f(k+1) - \sum_{k=2}^{10} f(k-1)$
$= \{f(2) + f(3) + \cdots + f(10)\} - \{f(1) + f(2) + \cdots + f(9)\}$
$= f(10) - f(1)$
$= 40 - 5 = 35$

05 등차수열 $\{a_n\}$의 첫째항을 a, 공차를 d라 하면
$a_2 = a + d = -2$ ······㉠
$a_5 = a + 4d = 7$ ······㉡
㉠, ㉡을 연립하여 풀면
$a = -5$, $d = 3$
$\therefore a_n = -5 + (n-1) \times 3 = 3n - 8$
$\therefore \displaystyle\sum_{k=1}^{10} a_{2k+1} = \sum_{k=1}^{10} (6k - 5)$
$\qquad\qquad = 6 \times \dfrac{10 \times 11}{2} - 5 \times 10$
$\qquad\qquad = 280$

06 $\triangle ABC$에서 제이 코사인법칙에 의하여
$\overline{AB}^2 = 8^2 + 4^2 - 2 \times 8 \times 4 \cos 60°$
$\qquad = 80 - 64 \times \dfrac{1}{2}$
$\qquad = 48$
$\therefore \overline{AB} = 4\sqrt{3}\ (\because \overline{AB} > 0)$

$\therefore \cos A = \dfrac{4^2 + (4\sqrt{3})^2 - 8^2}{2 \times 4 \times 4\sqrt{3}} = 0$

> **핵심 포인트**
>
> 제이 코사인법칙
> (1) $a^2 = b^2 + c^2 - 2bc \cos A$
> (2) $b^2 = c^2 + a^2 - 2ca \cos B$
> (3) $c^2 = a^2 + b^2 - 2ab \cos C$

07 $\angle C = 180° - (60° + 75°) = 45°$
$\triangle ABC$에서 사인법칙에 의하여
$\dfrac{\overline{AB}}{\sin C} = \dfrac{\overline{BC}}{\sin A}$
$\therefore \overline{BC} = \dfrac{\overline{AB} \sin A}{\sin C}$
$\qquad = \dfrac{80 \sin 60°}{\sin 45°}$
$\qquad = \dfrac{80 \times \dfrac{\sqrt{3}}{2}}{\dfrac{\sqrt{2}}{2}} = 40\sqrt{6}$ (m)

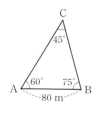

08 $\overline{AC}^2 = \overline{AB}^2 + \overline{BC}^2 - 2 \times \overline{AB} \times \overline{BC} \times \cos 60°$
$\qquad = 25 + 9 - 2 \times 5 \times 3 \times \dfrac{1}{2} = 19$
$\angle B + \angle D = 180°$이므로 $\angle D = 120°$
$\overline{AD} = x$라 하면
$\overline{AC}^2 = \overline{CD}^2 + \overline{AD}^2 - 2 \times \overline{CD} \times \overline{AD} \times \cos 120°$
$19 = 9 + x^2 - 2 \times 3 \times x \times \left(-\dfrac{1}{2}\right)$
$x^2 + 3x - 10 = 0$
$(x+5)(x-2) = 0$
$\therefore x = 2\ (\because x > 0)$
따라서 $\square ABCD$의 넓이는
$\triangle ABC + \triangle ACD$
$= \dfrac{1}{2} \times 5 \times 3 \times \sin 60° + \dfrac{1}{2} \times 3 \times 2 \times \sin 120°$
$= \dfrac{15\sqrt{3}}{4} + \dfrac{6\sqrt{3}}{4}$
$= \dfrac{21\sqrt{3}}{4}$

09 $\log_2 a_n - 2\log_2 a_{n+1} + \log_2 a_{n+2} = 0\ (n = 1, 2, 3, \cdots)$에서
$\log_2 a_n + \log_2 a_{n+2} = 2\log_2 a_{n+1}$
$\log_2 a_n a_{n+2} = \log_2 a_{n+1}^2$
$\therefore a_n a_{n+2} = a_{n+1}^2$
따라서 $a_1 = 3$, $\dfrac{a_2}{a_1} = 3$이므로 수열 $\{a_n\}$은 첫째항이 3,
공비가 3인 등비수열이다.
$\therefore a_n = 3 \times 3^{n-1} = 3^n$
$\therefore a_5 = 3^5 = 243$

10 첫째항부터 제n항까지의 합을 S_n이라 하면

$\sum_{k=1}^{n} a_k = S_n = n^2 + 3n$이므로

(i) $n \geq 2$일 때,

$$a_n = S_n - S_{n-1}$$
$$= (n^2 + 3n) - \{(n-1)^2 + 3(n-1)\}$$
$$= 2n + 2$$

(ii) $n = 1$일 때,

$$a_1 = S_1 = 1^2 + 3 \times 1 = 4$$

$a_1 = 4$는 $a_n = 2n + 2$에 $n = 1$을 대입한 것과 같다.

$$\therefore a_n = 2n + 2$$

$$\therefore \sum_{k=1}^{5} k a_{2k} = \sum_{k=1}^{5} k(2 \times 2k + 2) = \sum_{k=1}^{5} (4k^2 + 2k)$$
$$= 4 \sum_{k=1}^{5} k^2 + 2 \sum_{k=1}^{5} k$$
$$= 4 \times \frac{5 \times 6 \times 11}{6} + 2 \times \frac{5 \times 6}{2} = 250$$

11 등비수열 $\{a_n\}$의 첫째항을 a, 공비를 r라 하면

$$a_1 + a_2 + a_3 = a + ar + ar^2$$
$$= a(1 + r + r^2) = 2 \quad \cdots\cdots \ \ominus$$
$$a_4 + a_5 + a_6 = ar^3 + ar^4 + ar^5$$
$$= ar^3(1 + r + r^2) = 8 \quad \cdots\cdots \ \ominus$$

$\ominus \div \ominus$을 하면 $r^3 = 4$

$$\therefore a_7 + a_8 + a_9 = ar^6 + ar^7 + ar^8$$
$$= ar^6(1 + r + r^2)$$
$$= r^6 \times a(1 + r + r^2)$$
$$= (r^3)^2 \times 2 = 4^2 \times 2 = 32$$

12 등비수열 $\{a_n\}$의 첫째항을 a, 공비를 r라 하면

$a_3 = 24$에서 $ar^2 = 24 \quad \cdots\cdots \ \ominus$

$a_6 a_9 = 3a_{15}$에서

$$ar^5 \times ar^8 = 3ar^{14}$$
$$\therefore a = 3r \quad \cdots\cdots \ \ominus$$

$\ominus$을 $\ominus$에 대입하면 $3r^3 = 24$

$r^3 = 8 \quad \therefore r = 2$

$r = 2$를 $\ominus$에 대입하면 $a = 6$

$$\therefore a_1 + a_3 + a_5 + a_7 + a_9 + a_{11}$$
$$= a + ar^2 + ar^4 + ar^6 + ar^8 + ar^{10}$$
$$= \frac{6(4^6 - 1)}{4 - 1} = 2^{13} - 2$$

13 $a_{127} = 2a_{63} + 1$, $a_{63} = 2a_{31} + 1$, $a_{31} = 2a_{15} + 1$, $a_{15} = 2a_7 + 1$,

$a_7 = 2a_3 + 1$, $a_3 = 2a_1 + 1$이므로

$a_3 = 3$, $a_7 = 7$, $a_{15} = 15$, $a_{31} = 31$, $a_{63} = 63$

$$\therefore a_{127} = 127$$

$a_{128} = 2a_{64} - 1$, $a_{64} = 2a_{32} - 1$, $a_{32} = 2a_{16} - 1$, $a_{16} = 2a_8 - 1$,

$a_8 = 2a_4 - 1$, $a_4 = 2a_2 - 1$, $a_2 = 2a_1 - 1$이므로

$a_2 = a_4 = a_8 = a_{16} = a_{32} = a_{64} = a_{128} = 1$

$$\therefore a_{127} + a_{128} = 127 + 1 = 128$$

14 등차수열 $\{a_n\}$의 첫째항을 a, 공차를 d라 하면

조건 (가)에서

$$(a + 5d) + (a + 7d) = 0$$

$$2a + 12d = 0$$
$$\therefore a = -6d \quad \cdots\cdots \ \ominus$$

또한, 조건 (나)에서

$$|a + 5d| = |a + 6d| + 4$$

이므로 이 식에 $\ominus$을 대입하면

$$|-d| = 4 \quad \therefore d = 4 (\because d > 0)$$

따라서 $a = -24$이므로

$$a_3 = a + 2d = (-24) + 2 \times 4 = -16$$

15 $a_1 = S_1 = 2$, $a_{k+1} = S_{k+1} - S_k$이므로

$$\sum_{k=1}^{10} \frac{a_{k+1}}{S_k S_{k+1}} = \sum_{k=1}^{10} \frac{S_{k+1} - S_k}{S_k S_{k+1}} = \sum_{k=1}^{10} \left(\frac{1}{S_k} - \frac{1}{S_{k+1}} \right)$$
$$= \left(\frac{1}{S_1} - \frac{1}{S_2} \right) + \left(\frac{1}{S_2} - \frac{1}{S_3} \right) + \cdots + \left(\frac{1}{S_{10}} - \frac{1}{S_{11}} \right)$$
$$= \frac{1}{S_1} - \frac{1}{S_{11}} = \frac{1}{2} - \frac{1}{S_{11}}$$

즉, $\dfrac{1}{2} - \dfrac{1}{S_{11}} = \dfrac{1}{6}$이므로

$$\frac{1}{S_{11}} = \frac{1}{2} - \frac{1}{6} = \frac{1}{3}$$
$$\therefore S_{11} = 3$$

16 등차수열 $\{a_n\}$의 공차가 2이므로

$$a_1 = a_2 - 2$$
$$a_3 = a_4 - 2$$
$$a_5 = a_6 - 2$$
$$\vdots$$
$$a_{1999} = a_{2000} - 2$$

위 식의 좌변과 우변을 각각 더하면

$$a_1 + a_3 + a_5 + \cdots + a_{1999}$$
$$= (a_2 + a_4 + a_6 + \cdots + a_{2000}) - 2 \times 1000$$
$$\therefore a_1 + a_2 + a_3 + \cdots + a_{2000}$$
$$= (a_1 + a_3 + a_5 + \cdots + a_{1999}) + (a_2 + a_4 + a_6 + \cdots + a_{2000})$$
$$= (a_2 + a_4 + a_6 + \cdots + a_{2000}) - 2000$$
$$\qquad\qquad + (a_2 + a_4 + a_6 + \cdots + a_{2000})$$
$$= 2(a_2 + a_4 + a_6 + \cdots + a_{2000}) - 2000$$

이때, $a_1 + a_2 + a_3 + \cdots + a_{2000} = 20$이므로

$$20 = 2(a_2 + a_4 + a_6 + \cdots + a_{2000}) - 2000$$
$$2(a_2 + a_4 + a_6 + \cdots + a_{2000}) = 2020$$
$$\therefore a_2 + a_4 + a_6 + \cdots + a_{2000} = 1010$$

17 $S = \dfrac{1}{2} r(a + b + c)$에서

$$27\sqrt{3} = \frac{1}{2} \times 3(a + b + c)$$
$$\therefore a + b + c = 18\sqrt{3}$$
$$\therefore \sin A + \sin B + \sin C = \frac{a + b + c}{2R}$$
$$= \frac{18\sqrt{3}}{2 \times 6}$$
$$= \frac{3\sqrt{3}}{2}$$

삼각형 ABC에 대하여 세 변의 길이와 내접원의 반지름의 길이 r를 알 때, 넓이 S는

$$S=\frac{1}{2}r(a+b+c)$$

18 첫째항부터 제n항까지의 합을 S_n이라 하면
$S_n=10n-n^2$이므로 $n\geq2$일 때,
$a_n=S_n-S_{n-1}=(10n-n^2)-\{10(n-1)-(n-1)^2\}$
$=11-2n$ ······ ㉠
$n=1$일 때, $a_1=S_1=10\times1-1^2=9$
$a_1=9$는 ㉠에 $n=1$을 대입한 것과 같으므로
$a_n=11-2n$
그런데 $11-2n>0$에서 $n<5.5$이므로
$$|a_n|=\begin{cases}11-2n & (n\leq5)\\2n-11 & (n>5)\end{cases}$$
따라서 수열 $\{|a_n|\}$은 첫째항부터 제5항까지는 공차가 -2인 등차수열이고, 제6항부터는 공차가 2인 등차수열을 이룬다.
$$\therefore \sum_{k=1}^{25}|a_k|=\sum_{k=1}^{5}|a_k|+\sum_{k=6}^{25}|a_k|$$
$$=\frac{5(9+1)}{2}+\frac{20(1+39)}{2}$$
$$=425$$

19 세 수 $2k-5$, k^2-1, $2k+3$이 이 순서대로 등차수열을 이루므로
$2(k^2-1)=2k-5+2k+3$
$2k^2-4k=0$ ······ ㉮
이차방정식의 근과 계수의 관계에 의하여 모든 실수 k의 값의 합은 2이다. ······ ㉯

채점 기준	배점
㉮ $2k^2-4k=0$ 구하기	3점
㉯ 답 구하기	3점

세 수 a, b, c가 이 순서대로 등차수열을 이룰 때, b를 a와 c의 등차중항이라고 한다.
$$\Rightarrow 2b=a+c\Longleftrightarrow b=\frac{a+c}{2}$$

20 삼각형 ABC에서 제이 코사인법칙에 의하여
$$\cos A=\frac{b^2+c^2-a^2}{2bc},\ \cos B=\frac{c^2+a^2-b^2}{2ca}$$
이것을 $b\cos A-a\cos B=c$에 대입하면
$$b\times\frac{b^2+c^2-a^2}{2bc}-a\times\frac{c^2+a^2-b^2}{2ca}=c$$
$b^2-a^2=c^2$ $\therefore b^2=a^2+c^2$ ······ ㉮
따라서 삼각형 ABC는 $\angle B=90°$인 직각삼각형이다. ······ ㉯

채점 기준	배점
㉮ $b^2=a^2+c^2$ 구하기	3점
㉯ 답 구하기	3점

21 $\dfrac{a_{10}-a_9}{S_{10}-S_8}+\dfrac{S_5-S_3}{a_5-a_4}=\dfrac{a_{10}-a_9}{a_{10}+a_9}+\dfrac{a_5+a_4}{a_5-a_4}$ ······ ㉮

$$=\frac{\dfrac{a_{10}}{a_9}-1}{\dfrac{a_{10}}{a_9}+1}+\frac{\dfrac{a_5}{a_4}+1}{\dfrac{a_5}{a_4}-1}$$

$$=\frac{\sqrt{3}-1}{\sqrt{3}+1}+\frac{\sqrt{3}+1}{\sqrt{3}-1}$$

$$=\frac{(\sqrt{3}-1)^2+(\sqrt{3}+1)^2}{2}=4$$ ······ ㉯

채점 기준	배점
㉮ $S_{10}-S_8=a_{10}+a_9$, $S_5-S_3=a_5+a_4$ 대입하기	3점
㉯ 답 구하기	3점

22 $a_n+a_{n+1}+a_{n+2}=10$에서
$a_1+a_2+a_3=a_2+a_3+a_4=10$이므로 $a_1=a_4$
$a_2+a_3+a_4=a_3+a_4+a_5=10$이므로 $a_2=a_5$
$a_3+a_4+a_5=a_4+a_5+a_6=10$이므로 $a_3=a_6$
$\vdots$
즉, 수열 $\{a_n\}$은 a_1, a_2, a_3의 값이 반복하는 수열이다.
이때, $a_{10}=a_{3\times3+1}=3$ $\therefore a_1=3$
$a_{15}=a_{3\times5}=5$ $\therefore a_3=5$ ······ ㉮
이므로 $a_1+a_2+a_3=10$에서 $a_2=2$ ······ ㉯
따라서 $a_{2000}=a_{2003}=a_{2006}$이므로
$a_{2000}+a_{2003}+a_{2006}=3a_{2000}=3a_{3\times666+2}$
$$=3a_2=3\times2=6$$ ······ ㉰

채점 기준	배점
㉮ $a_1=3$, $a_3=5$ 구하기	3점
㉯ $a_2=2$ 구하기	3점
㉰ 답 구하기	2점

23 $f(m)=a_2+a_4+\cdots+a_{2m}$
$$=\frac{m\{2(a+d)+(m-1)\times2d\}}{2}=m(a+md)$$
$$=ma+m^2d=990$$ ······ ㉠
$g(m)=a_1+a_3+\cdots+a_{2m-1}$
$$=\frac{m\{2a+(m-1)\times2d\}}{2}=m(a+md-d)$$
$$=ma+m^2d-md=913$$ ······ ㉡
㉠$-$㉡을 하면 $md=77$
$2\leq d\leq m$이고 d, m은 자연수이므로
$d=7$, $m=11$ ······ ㉮
이 값을 ㉠에 대입하면
$11a+11^2\times7=990$ $\therefore a=13$ ······ ㉯
$\therefore a+d+m=13+7+11=31$ ······ ㉰

채점 기준	배점
㉮ $d=7$, $m=11$ 구하기	3점
㉯ $a=13$ 구하기	3점
㉰ 답 구하기	2점

20○○학년도 2학년 1학기 기말고사 (3회)

01 ②	02 ②	03 ④	04 ⑤	05 ③
06 ①	07 ②	08 ⑤	09 ④	10 ①
11 ④	12 ③	13 ⑤	14 ③	15 ①
16 ④	17 ②	18 ①	19 10	20 $\frac{1}{2}$
21 $\frac{\sqrt{57}}{3}$	22 660	23 50		

01 $a_1=4$, $a_{n+1}=2a_n$이므로 수열 $\{a_n\}$은 첫째항이 4이고 공비가 2인 등비수열이다.

$\therefore a_n=4\times2^{n-1}=2^{n+1}$

따라서 $a_{10}=2^{10+1}=2^{11}$이므로

$k=11$

02 등차수열 $\{a_n\}$의 첫째항을 a, 공차를 d라 하면

$a_3=a+2d=7$ ······ ㉠

$a_6=a+5d=16$ ······ ㉡

㉡-㉠을 하면 $3d=9$

$\therefore d=3$

$d=3$을 ㉠에 대입하면 $a=1$

$\therefore a_{20}=1+(20-1)\times3=58$

03 $\displaystyle\sum_{k=1}^{n}(2k-2)=2\times\frac{n(n+1)}{2}-2n$

$\qquad\qquad\qquad=n^2-n$

$\qquad\qquad\qquad=240$

$n^2-n-240=0$

$(n+15)(n-16)=0$

$\therefore n=16$ ($\because n$은 자연수)

04 $a_1=2$, $a_n+a_{n+1}=n$이므로

$a_1+a_2=2+a_2=1$ $\quad\therefore a_2=-1$

$a_2+a_3=-1+a_3=2$ $\quad\therefore a_3=3$

$a_3+a_4=3+a_4=3$ $\quad\therefore a_4=0$

$a_4+a_5=0+a_5=4$ $\quad\therefore a_5=4$

$a_5+a_6=4+a_6=5$ $\quad\therefore a_6=1$

$\qquad\qquad\vdots$

$\therefore \begin{cases}a_{2k-1}=k+1\\a_{2k}=k-2\end{cases}$ (단, k는 자연수이다.)

따라서 $31=2\times16-1$이므로

$a_{31}=16+1=17$

05 $S_n=2^n+4$이므로

$a_{10}=S_{10}-S_9$

$\qquad=(2^{10}+4)-(2^9+4)$

$\qquad=2^{10}-2^9$

$\qquad=2^9$

06 △ABC에서

$b=\overline{CA}=6$, $c=\overline{AB}=6\sqrt{3}$,

∠C=60°이므로 사인법칙에 의하여

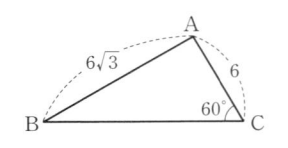

$\dfrac{6}{\sin B}=\dfrac{6\sqrt{3}}{\sin60°}=\dfrac{6\sqrt{3}}{\frac{\sqrt{3}}{2}}=12$

$\therefore \sin B=\dfrac{6}{12}=\dfrac{1}{2}$

$\therefore$ ∠B=30°

> **핵심 포인트**
>
> 사인법칙은
> (1) 한 변의 길이와 두 각의 크기
> (2) 두 변의 길이와 그 끼인각이 아닌 다른 한 내각의 크기
> 가 주어질 때 이용한다.

07 제이 코사인법칙에 의하여

$\overline{AB}^2=\overline{AC}^2+\overline{BC}^2-2\times\overline{AC}\times\overline{BC}\times\cos C$

$\qquad=2^2+3^2-2\times2\times3\times\cos60°$

$\qquad=13-12\times\dfrac{1}{2}$

$\qquad=7$

$\therefore \overline{AB}=\sqrt{7}$ ($\because \overline{AB}>0$)

따라서 두 건물 A, B 사이의 거리는 $\sqrt{7}$ km이다.

08 등비수열 $\{a_n\}$의 첫째항을 a, 공비를 r라 하면

$a_3+a_5=ar^2+ar^4=ar^2(1+r^2)=24$ ······ ㉠

$a_2a_4=ar\times ar^3=(ar^2)^2=64$ ······ ㉡

그런데 $a>0$, $r>0$이므로 ㉡에서 $ar^2=8$ ······ ㉢

㉢을 ㉠에 대입하면

$8(1+r^2)=24$

$1+r^2=3$, $r^2=2$ $\quad\therefore r=\sqrt{2}$

$r=\sqrt{2}$를 ㉢에 대입하면 $a=4$

따라서 $a_n=4\times(\sqrt{2})^{n-1}$이므로

$a_{11}=4\times(\sqrt{2})^{10}=128$

09 첫째항이 1, 공비가 3이므로

$a_n=3^{n-1}$

a_1, a_3, a_5, $\cdots$, a_{19}에서

$a_{2n-1}=3^{(2n-1)-1}=3^{2(n-1)}=9^{n-1}$

이므로 $\{a_{2n-1}\}$은 첫째항이 1, 공비가 9인 등비수열이다.

$\therefore a_1+a_3+a_5+\cdots+a_{19}=\dfrac{1(9^{10}-1)}{9-1}$

$\qquad\qquad\qquad\qquad\qquad=\dfrac{1}{8}(3^{20}-1)$

10 등비수열 3, a_1, a_2, $\cdots$, a_n, -1536에서

첫째항이 3, 공비가 r이고

-1536은 제 $(n+2)$항이므로

$-1536=3r^{n+1}$ ······ ㉠

첫째항부터 제 $(n+2)$항까지의 합을 S_{n+2}라 하면

$$S_{n+2}=\frac{3(1-r^{n+2})}{1-r}=\frac{3-3r^{n+2}}{1-r}$$
$$=\frac{3-r\times 3r^{n+1}}{1-r}$$
$$=\frac{3-(-1536)r}{1-r}\ (\because \text{㉠})=-1023$$

$3+1536r=-1023+1023r$ $\quad \therefore r=-2$

$r=-2$를 ㉠에 대입하면

$-1536=3\times(-2)^{n+1}$

$(-2)^{n+1}=-512=(-2)^9$

$\therefore n=8$

$\therefore nr=8\times(-2)=-16$

11 삼각형 ABD에서 $\angle ABD=70°$, $\angle ADB=20°$이므로

$\angle A=90°$

따라서 $\overline{BD}$는 원의 지름이고 삼각형 ACD의 외접원의 반지름의 길이가 $3\sqrt{3}$이다.

삼각형 ACD에 사인법칙을 적용하면

$$\frac{\overline{AC}}{\sin 60°}=2\times 3\sqrt{3}=6\sqrt{3}$$

$$\therefore \overline{AC}=6\sqrt{3}\sin 60°=6\sqrt{3}\times\frac{\sqrt{3}}{2}=9$$

12 $\triangle ABC$의 넓이가 12이므로

$$\frac{1}{2}\times 5\times 8\times \sin A=12$$

$$\therefore \sin A=\frac{3}{5}$$

$\triangle ABC$가 예각삼각형이므로

$$\cos A=\sqrt{1-\left(\frac{3}{5}\right)^2}=\frac{4}{5}$$

제이 코사인법칙에 의하여

$$\overline{BC}^2=5^2+8^2-2\times 5\times 8\times \cos A$$
$$=89-80\times \frac{4}{5}$$
$$=25$$

$\therefore \overline{BC}=5\ (\because \overline{BC}>0)$

$\triangle ABC$의 외접원의 반지름의 길이를 R라 하면

$$\frac{\overline{BC}}{\sin A}=2R\text{에서}$$

$$R=\frac{\overline{BC}}{2\sin A}=\frac{5}{2\times\frac{3}{5}}=\frac{25}{6}$$

핵심 포인트

삼각형의 결정

삼각형 ABC에서 $\sin A$, $\sin B$, $\sin C$에 대한 관계식이 주어지면

$$\sin A=\frac{a}{2R},\ \sin B=\frac{b}{2R},\ \sin C=\frac{c}{2R}$$

임을 이용하여 a, b, c의 관계식을 구하여 삼각형의 모양을 알 수 있다.

13 $a_1+a_2+a_3+\cdots+a_n=-140$에서

$24+a_1+a_2+a_3+\cdots+a_n+(-44)=-160$

즉, 첫째항이 24, 끝항이 -44, 항의 개수가 $(n+2)$인 등차수열의 합이 -160이므로

$$\frac{(n+2)\{24+(-44)\}}{2}=-160$$

$10(n+2)=160$ $\quad \therefore n=14$

14 수열 $\{a_n\}$이 첫째항과 공차가 모두 2인 등차수열이므로 일반항 a_n은

$a_n=2+(n-1)\times 2=2n$

$$\therefore \sum_{k=1}^{15}\frac{1}{\sqrt{a_{k+1}}+\sqrt{a_k}}$$
$$=\sum_{k=1}^{15}\frac{1}{\sqrt{2k+2}+\sqrt{2k}}$$
$$=\sum_{k=1}^{15}\frac{\sqrt{2k+2}-\sqrt{2k}}{(\sqrt{2k+2}+\sqrt{2k})(\sqrt{2k+2}-\sqrt{2k})}$$
$$=\sum_{k=1}^{15}\frac{\sqrt{2}(\sqrt{k+1}-\sqrt{k})}{2}$$
$$=\frac{\sqrt{2}}{2}\sum_{k=1}^{15}(\sqrt{k+1}-\sqrt{k})$$
$$=\frac{\sqrt{2}}{2}\{(\sqrt{2}-1)+(\sqrt{3}-\sqrt{2})+(\sqrt{4}-\sqrt{3})+\cdots$$
$$+(\sqrt{16}-\sqrt{15})\}$$
$$=\frac{\sqrt{2}}{2}(\sqrt{16}-1)$$
$$=\frac{3\sqrt{2}}{2}$$

15 $S_8-S_6=a_8+a_7=(6+7d)+(6+6d)=12+13d$

$a_8-a_6=(6+7d)-(6+5d)=2d$

이때, $\dfrac{S_8-S_6}{a_8-a_6}=\dfrac{1}{2}$이므로 $\dfrac{12+13d}{2d}=\dfrac{1}{2}$

$d=12+13d$ $\quad \therefore d=-1$

16 $\displaystyle\sum_{k=1}^{n}(a_{2k-1}+a_{2k})$
$$=(a_1+a_2)+(a_3+a_4)+\cdots+(a_{2n-1}+a_{2n})$$
$$=\sum_{k=1}^{2n}a_k$$

즉, $\displaystyle\sum_{k=1}^{2n}a_k=n^2+n$이므로

$n=5$를 대입하면

$$\sum_{k=1}^{10}a_k=5^2+5=30$$

17 수열 $\{S_{2n-1}\}$은 공차가 -3인 등차수열이므로

$$S_{2n-1}=S_1+(n-1)\times(-3)$$
$$=-3n+3+S_1$$

또 수열 $\{S_{2n}\}$은 공차가 2인 등차수열이므로

$$S_{2n}=S_2+(n-1)\times 2=2n-2+S_2$$

$a_{10}=S_{10}-S_9$
$$=(8+S_2)-(-12+S_1)$$
$$=20+S_2-S_1$$

이고, $S_2-S_1=a_2=2$이므로 $a_{10}=22$

18 $a_n=3n+2$, $b_m=5m-3$이므로

$a_p=b_q$에서 $3p+2=5q-3$

$3p=5(q-1)$

이때, 3, 5가 서로소이므로

$p=5k$, $q-1=3k$ $(k=1, 2, 3, \cdots)$

두 등차수열 $\{a_n\}$, $\{b_m\}$의 공통인 항으로 이루어진 수열을 $\{c_k\}$라 하면

$c_k=a_{5k}=b_{3k+1}=15k+2$

$15k+2\le1202$에서 $k\le80$이므로 $p+q$의 최댓값은 $k=80$일 때이다.

따라서 $p+q$의 최댓값은

$400+241=641$

19 세 실수 α^2, 5, β^2이 이 순서대로 등비수열을 이루므로

$5^2=\alpha^2\beta^2$

$\therefore \alpha\beta=\pm5$ ······ ㉮

한편, α, β는 이차방정식 $2x^2-12x+k=0$의 두 실근이므로 근과 계수의 관계에 의하여

$\alpha\beta=\dfrac{k}{2}=\pm5$ ······ ㉯

이때, $k>0$이므로 $k=10$ ······ ㉰

채점 기준	배점
㉮ $\alpha\beta=\pm5$ 구하기	2점
㉯ $\alpha\beta=\dfrac{k}{2}=\pm5$ 구하기	2점
㉰ 답 구하기	2점

20 $a_1=-1$, $a_{n+1}=\dfrac{1}{1-a_n}$ 의 n에 1, 2, 3, $\cdots$을 차례로 대입하면

$a_2=\dfrac{1}{1-a_1}=\dfrac{1}{1-(-1)}=\dfrac{1}{2}$

$a_3=\dfrac{1}{1-a_2}=\dfrac{1}{1-\dfrac{1}{2}}=2$

$a_4=\dfrac{1}{1-a_3}=\dfrac{1}{1-2}=-1$

$\vdots$

즉, 수열 $\{a_n\}$은 -1, $\dfrac{1}{2}$, 2가 순서대로 반복된다. ······ ㉮

따라서 $47=3\times15+2$이므로

$a_{47}=a_2=\dfrac{1}{2}$ ······ ㉯

채점 기준	배점
㉮ 수열 $\{a_n\}$의 규칙 찾기	3점
㉯ 답 구하기	3점

21 $\triangle$ABC에서 제이 코사인법칙에 의하여

$\cos B=\dfrac{5^2+6^2-3^2}{2\times5\times6}=\dfrac{13}{15}$ ······ ㉮

$\overline{\text{BD}}:\overline{\text{DC}}=2:1$이므로

$\overline{\text{BD}}=4$ ······ ㉯

$\triangle$ABD에서 제이 코사인법칙에 의하여

$\overline{\text{AD}}^2=\overline{\text{AB}}^2+\overline{\text{BD}}^2-2\times\overline{\text{AB}}\times\overline{\text{BD}}\times\cos B$

$=5^2+4^2-2\times5\times4\times\dfrac{13}{15}$

$=\dfrac{19}{3}$

$\therefore \overline{\text{AD}}=\dfrac{\sqrt{57}}{3}$ $(\because \overline{\text{AD}}>0)$ ······ ㉰

채점 기준	배점
㉮ $\cos B=\dfrac{13}{15}$ 구하기	2점
㉯ $\overline{\text{BD}}=4$ 구하기	2점
㉰ 답 구하기	2점

22 $a_n=\dfrac{1}{2}\times\{(n+1)-(n-1)\}\times\dfrac{3}{n}$

$=\dfrac{1}{2}\times2\times\dfrac{3}{n}=\dfrac{3}{n}$ ······ ㉮

이므로

$\displaystyle\sum_{n=1}^{9}\dfrac{18}{a_na_{n+1}}=\sum_{n=1}^{9}\dfrac{18}{\dfrac{3}{n}\times\dfrac{3}{n+1}}$

$\displaystyle=\sum_{n=1}^{9}2(n^2+n)=2\left(\dfrac{9\times10\times19}{6}+\dfrac{9\times10}{2}\right)$

$=2(285+45)=660$ ······ ㉯

채점 기준	배점
㉮ 일반항 a_n 구하기	4점
㉯ 답 구하기	4점

23 수열 $\{a_n\}$의 각 항은

$\{a_n\}: -1^2, 2^2, -3^2, 4^2, -5^2, 6^2, \cdots$

즉, $a_{2n-1}=-(2n-1)^2$, $a_{2n}=(2n)^2$이므로

$\displaystyle S_{2n}=\sum_{k=1}^{n}(a_{2k-1}+a_{2k})$

$\displaystyle=\sum_{k=1}^{n}\{-(2k-1)^2+(2k)^2\}$

$\displaystyle=\sum_{k=1}^{n}(4k-1)$

$=4\times\dfrac{n(n+1)}{2}-n$

$=2n^2+n$ ······ ㉮

$S_{2n-1}=S_{2n}-a_{2n}$

$=(2n^2+n)-(2n)^2$

$=-2n^2+n$ ······ ㉯

이때,

$\dfrac{S_{2n}-S_{2n-1}}{S_{2n}+S_{2n-1}}=\dfrac{(2n^2+n)-(-2n^2+n)}{(2n^2+n)+(-2n^2+n)}=\dfrac{4n^2}{2n}=2n=100$

이므로 $n=50$ ······ ㉰

채점 기준	배점
㉮ S_{2n} 구하기	3점
㉯ S_{2n-1} 구하기	3점
㉰ 답 구하기	2점

20○○학년도 2학년 1학기 기말고사(4회)

01 ①	02 ③	03 ②	04 ④	05 ⑤
06 ④	07 ③	08 ②	09 ③	10 ④
11 ⑤	12 ②	13 ③	14 ⑤	15 ①
16 ④	17 ②	18 ③	19 $\dfrac{15\sqrt{3}}{4}$	20 729
21 5	22 11	23 50		

01 $a_1=32=2^5$, $a_{n+1}=2^n a_n$이므로
$a_2=2\times a_1=2\times 2^5=2^6$
$a_3=2^2\times a_2=2^2\times 2^6=2^8$
$a_4=2^3\times a_3=2^3\times 2^8=2^{11}$

02 $\displaystyle\sum_{k=1}^{5}(2a_k-2)^2=\sum_{k=1}^{5}(4a_k^2-8a_k+4)$
$\qquad=4\displaystyle\sum_{k=1}^{5}a_k^2-8\sum_{k=1}^{5}a_k+\sum_{k=1}^{5}4$
$\qquad=200-160+20$
$\qquad=60$

03 4, $\dfrac{a^2}{2}$, b가 이 순서대로 등차수열을 이루므로
$2\times\dfrac{a^2}{2}=4+b$ $\quad\therefore a^2=b+4$ ······㉠
$a+4$, b, 1이 이 순서대로 등비수열을 이루므로
$b^2=(a+4)\times 1=a+4$ ······㉡
㉠-㉡을 하면
$a^2-b^2=b-a$
$(a+b)(a-b)=-(a-b)$
$\therefore a+b=-1\ (\because a\neq b)$ ······㉢
㉠+㉡을 하면
$a^2+b^2=a+b+8$
$\qquad=-1+8\ (\because ㉢)$
$\qquad=7$

04 주어진 수열의 첫째항을 a, 공차를 d, 일반항을 a_n이라 하면
$a_8=a+7d=29$ ······㉠
$a_{20}=a+19d=-7$ ······㉡
㉡-㉠을 하면 $12d=-36$
$\therefore d=-3$, $a=50$
따라서 첫째항부터 제 n항까지의 합 S_n은
$S_n=\dfrac{n\{2\times 50+(n-1)\times(-3)\}}{2}=\dfrac{n}{2}(103-3n)$
$S_n=\dfrac{n}{2}(103-3n)>0$에서
$103-3n>0$ $\quad\therefore n<\dfrac{103}{3}=34.3\times\times\times$
따라서 $S_n>0$이 되도록 하는 n의 최댓값은 34이다.

05 수열 $\{a_n\}$은 첫째항이 1, 공차가 2인 등차수열이므로

$a_n=2n-1$
$\therefore 2^{a_n}=2^{2n-1}=2\times 4^{n-1}$
즉, 수열 $\{2^{a_n}\}$은 첫째항이 2, 공비가 4인 등비수열이다.
따라서 수열 $\{2^{a_n}\}$의 첫째항부터 제5항까지의 합은
$\dfrac{2(4^5-1)}{4-1}=\dfrac{2\times 1023}{3}=682$

06 $\overline{BC}=\overline{AB}\cos B+\overline{AC}\cos C$
$\qquad=6\cos 30°+3\sqrt{2}\cos 45°$
$\qquad=6\times\dfrac{\sqrt{3}}{2}+3\sqrt{2}\times\dfrac{\sqrt{2}}{2}=3\sqrt{3}+3$

> **핵심 포인트**
>
> 제일 코사인법칙
> 두 변의 길이와 두 내각의 크기가 주어질 때 이용한다.
> (1) $a=b\cos C+c\cos B$
> (2) $b=c\cos A+a\cos C$
> (3) $c=a\cos B+b\cos A$

07 등변사다리꼴의 두 대각선의 길이는 같으므로 한 대각선의 길이를 x라 하면
$16\sqrt{2}=\dfrac{1}{2}\times x^2\times\sin 45°$
$16\sqrt{2}=\dfrac{\sqrt{2}}{4}x^2$, $x^2=64$
$\therefore x=8\ (\because x>0)$

> **핵심 포인트**
>
> 사각형의 넓이
> 두 대각선의 길이가 각각 a, b이고 두 대각선이 이루는 각의 크기가 θ인 사각형의 넓이 S는
> $$S=\dfrac{1}{2}ab\sin\theta$$

08 등차수열 $\{a_n\}$의 공차를 d라 하면
$a_1+a_3+a_5=a_1+(a_1+2d)+(a_1+4d)$
$\qquad=3a_1+6d=9$
$\therefore a_1+2d=3$ ······㉠
$a_7+a_9+a_{11}=(a_1+6d)+(a_1+8d)+(a_1+10d)$
$\qquad=3a_1+24d=45$
$\therefore a_1+8d=15$ ······㉡
㉠, ㉡을 연립하여 풀면 $a_1=-1$, $d=2$
$\therefore a_2+a_4+a_6=(a_1+d)+(a_1+3d)+(a_1+5d)$
$\qquad=3a_1+9d=3\times(-1)+9\times 2$
$\qquad=15$

09 등비수열 $\{a_n\}$의 공비를 r라 하면
$S_9-S_5=a_6+a_7+a_8+a_9$
$\qquad=5r^5+5r^6+5r^7+5r^8$
$\qquad=5r^5(1+r+r^2+r^3)$
$S_6-S_2=a_3+a_4+a_5+a_6$
$\qquad=5r^2+5r^3+5r^4+5r^5$
$\qquad=5r^2(1+r+r^2+r^3)$

$$\frac{S_9 - S_5}{S_6 - S_2} = \frac{5r^5(1 + r + r^2 + r^3)}{5r^2(1 + r + r^2 + r^3)} = r^3$$

이므로 $r^3 = 2$

$$\therefore a_7 = 5r^6 = 5 \times (r^3)^2 = 5 \times 2^2 = 20$$

10 $a_1 = S_1 = \dfrac{1}{2}$, $a_{n+1} = 2S_n + n$이므로

$$a_2 = 2S_1 + 1 = 2 \times \frac{1}{2} + 1 = 2$$

$$a_3 = 2S_2 + 2 = 2\left(\frac{1}{2} + 2\right) + 2 = 7$$

$$a_4 = 2S_3 + 3 = 2\left(\frac{1}{2} + 2 + 7\right) + 3 = 22$$

$$a_5 = 2S_4 + 4 = 2\left(\frac{1}{2} + 2 + 7 + 22\right) + 4 = 67$$

$$\therefore a_2 + a_5 = 2 + 67 = 69$$

11 $a : b : c = 4 : 5 : 6$이므로

$a = 4k$, $b = 5k$, $c = 6k$ $(k \neq 0)$라 하면

제이 코사인법칙에 의하여

$$\cos A = \frac{b^2 + c^2 - a^2}{2bc}$$

$$= \frac{(5k)^2 + (6k)^2 - (4k)^2}{2 \times 5k \times 6k}$$

$$= \frac{3}{4}$$

$0° < \angle A < 180°$이므로

$$\sin A = \sqrt{1 - \cos^2 A} = \sqrt{1 - \left(\frac{3}{4}\right)^2} = \frac{\sqrt{7}}{4}$$

12 $\overline{AB} = 6$, $\overline{AC} = 12$, $\angle A = 120°$이므로

제이 코사인법칙에 의하여

$$\overline{BC}^2 = 6^2 + 12^2 - 2 \times 6 \times 12 \times \cos 120° = 252$$

$$\therefore \overline{BC} = \sqrt{252} = 6\sqrt{7}$$

삼각형 ABC의 외접원의 반지름의 길이를 R라 하면

$$\frac{\overline{BC}}{\sin A} = \frac{6\sqrt{7}}{\sin 120°} = 4\sqrt{21} = 2R$$

$$\therefore R = 2\sqrt{21}$$

13 $a_1 = 1$, $a_{n+1} = \dfrac{n+2}{n} a_n$의 n에 1, 2, 3, $\cdots$, 18을 차례로 대입하여

변끼리 곱하면

$$a_2 = \frac{3}{1} a_1$$

$$a_3 = \frac{4}{2} a_2$$

$$a_4 = \frac{5}{3} a_3$$

$$\vdots$$

$$\times \bigg)\ a_{19} = \frac{20}{18} a_{18}$$

$$\overline{}$$

$$a_{19} = \frac{3}{1} \times \frac{4}{2} \times \frac{5}{3} \times \cdots \times \frac{20}{18} \times a_1$$

$$= \frac{19 \times 20}{2} = 190$$

14 $a_n + b_n = 10$이므로

$$\sum_{k=1}^{10} (a_k + 2b_k) = \sum_{k=1}^{10} \{(a_k + b_k) + b_k\}$$

$$= \sum_{k=1}^{10} (10 + b_k)$$

$$= \sum_{k=1}^{10} 10 + \sum_{k=1}^{10} b_k$$

$$= 100 + \sum_{k=1}^{10} b_k$$

$\displaystyle\sum_{k=1}^{10} (a_k + 2b_k) = 200$이므로

$$100 + \sum_{k=1}^{10} b_k = 200$$

$$\therefore \sum_{k=1}^{10} b_k = 100$$

15 등차수열 $\{a_n\}$의 공차를 d라 하면

$$a_1 + a_3 + \cdots + a_{2m+1} = \frac{(m+1)\{2a_1 + (m+1-1) \times 2d\}}{2} = 80$$

$$\therefore \frac{(m+1)(2a_1 + 2md)}{2} = 80 \quad \cdots\cdots ㉠$$

$$a_2 + a_4 + \cdots + a_{2m} = \frac{m\{2(a_1 + d) + (m-1) \times 2d\}}{2} = 70$$

$$\therefore \frac{m(2a_1 + 2md)}{2} = 70 \quad \cdots\cdots ㉡$$

㉠ $\div$ ㉡에서 $\dfrac{m+1}{m} = \dfrac{8}{7}$ $\quad \therefore m = 7$

$m = 7$을 ㉡에 대입하면 $a_1 + 7d = 10$ $\quad \therefore a_8 = 10$

$$\therefore m + a_8 = 17$$

16 수열 $\left\{\dfrac{1}{a_n}\right\}$도 등비수열이므로 첫째항을 a, 공비를 r라 하면

$$T_3 = \frac{a(r^3 - 1)}{r - 1} = \frac{1}{4}$$

$$T_6 = \frac{a(r^6 - 1)}{r - 1} = \frac{a(r^3 - 1)(r^3 + 1)}{r - 1}$$

$$= \frac{1}{4}(r^3 + 1) = 1$$

$$\therefore r^3 = 3$$

$$\therefore T_9 = \frac{a(r^9 - 1)}{r - 1} = \frac{a(r^3 - 1)(r^6 + r^3 + 1)}{r - 1}$$

$$= \frac{1}{4}(3^2 + 3 + 1) = \frac{13}{4}$$

17 두 등차수열 $\{a_n\}$, $\{b_n\}$의 공차를 각각 d_1, d_2라 하고, 제5항이 같으므로 $a_5 = b_5 = k$라 하면

$$b_8 = \frac{3}{2} a_8 에서\ k + 3d_2 = \frac{3}{2}(k + 3d_1)$$

$$\therefore k + 9d_1 = 6d_2 \quad \cdots\cdots ㉠$$

또 $b_{11} = \dfrac{9}{5} a_{11}$에서 $k + 6d_2 = \dfrac{9}{5}(k + 6d_1)$

$$\therefore 2k + 27d_1 = 15d_2 \quad \cdots\cdots ㉡$$

$2 \times$ ㉠ $-$ ㉡을 하면 $-9d_1 = -3d_2$

$$\therefore d_2 = 3d_1$$

이것을 ㉠에 대입하면

$d_1 = \dfrac{1}{9}k$, $d_2 = \dfrac{1}{3}k$

$$\therefore \frac{b_{14}}{a_{14}} = \frac{k+9d_2}{k+9d_1} = \frac{k+9\times\frac{1}{3}k}{k+9\times\frac{1}{9}k} = \frac{4k}{2k} = 2$$

18

$$\frac{S_n}{2n-1} = \sum_{k=1}^{n}\frac{S_k}{2k-1} - \sum_{k=1}^{n-1}\frac{S_k}{2k-1}$$
$$= (n^2+2n) - \{(n-1)^2 + 2(n-1)\}$$
$$= 2n+1 \ (단, \ n \geq 2)$$
$$\therefore S_n = (2n-1)(2n+1) = 4n^2-1$$
$$\therefore a_{10} = S_{10} - S_9$$
$$= (4\times 10^2 - 1) - (4\times 9^2 - 1) = 76$$

19 $\overline{BC} = a$라 하면 제이 코사인법칙에 의하여

$$7^2 = a^2 + 5^2 - 2\times a\times 5\times \cos 120°$$
$$49 = a^2 + 25 - 10a\times\left(-\frac{1}{2}\right)$$
$$a^2 + 5a - 24 = 0$$
$$(a+8)(a-3) = 0$$
$$\therefore a = 3 \ (\because a > 0) \qquad \cdots\cdots ㉮$$

따라서 삼각형 ABC의 넓이는

$$\frac{1}{2}\times 3\times 5\times \sin 120° = \frac{1}{2}\times 3\times 5\times \frac{\sqrt{3}}{2}$$
$$= \frac{15\sqrt{3}}{4} \qquad \cdots\cdots ㉯$$

채점 기준	배점
㉮ a의 값 구하기	3점
㉯ 답 구하기	3점

20 등비수열 $\{a_n\}$의 첫째항을 a, 공비를 r라 하면

$$a_1 a_3 = a\times ar^2 = a^2 r^2 = 9 \qquad \cdots\cdots ㉠$$
$$a_2 a_5 = ar\times ar^4 = a^2 r^5 = 243 \qquad \cdots\cdots ㉡$$

㉡÷㉠을 하면 $r^3 = 27$

$$\therefore r = 3 \qquad \cdots\cdots ㉮$$

$r = 3$을 ㉠에 대입하면 $a^2 = 1$

$$\therefore a = 1 \ (\because a > 0) \qquad \cdots\cdots ㉯$$
$$\therefore a_7 = ar^6 = 1\times 3^6 = 729 \qquad \cdots\cdots ㉰$$

채점 기준	배점
㉮ r의 값 구하기	2점
㉯ a의 값 구하기	2점
㉰ 답 구하기	2점

21 $\overline{P_k Q_k} = \sqrt{k+1} + \sqrt{k}$이므로

$$\frac{1}{\overline{P_k Q_k}} = \frac{1}{\sqrt{k+1}+\sqrt{k}} = \sqrt{k+1} - \sqrt{k} \qquad \cdots\cdots ㉮$$

$$\therefore \sum_{k=1}^{35}\frac{1}{\overline{P_k Q_k}} = \sum_{k=1}^{35}(\sqrt{k+1}-\sqrt{k})$$
$$= (\sqrt{2}-\sqrt{1}) + (\sqrt{3}-\sqrt{2}) + (\sqrt{4}-\sqrt{3}) + \cdots$$
$$+ (\sqrt{36}-\sqrt{35})$$
$$= \sqrt{36} - \sqrt{1}$$
$$= 6 - 1 = 5 \qquad \cdots\cdots ㉯$$

채점 기준	배점
㉮ $\dfrac{1}{\overline{P_k Q_k}}$ 구하기	3점
㉯ 답 구하기	3점

22  조건 ㉮에서 $a_{n+2} = a_n - 4$이므로 $a_2 = p$로 놓으면

$a_1 = 7$
$a_2 = p$
$a_3 = a_1 - 4 = 3$
$a_4 = a_2 - 4 = p - 4$
$a_5 = a_3 - 4 = -1$
$a_6 = a_4 - 4 = p - 8 \qquad \cdots\cdots ㉮$

조건 ㉯에서 $a_{n+6} = a_n$이므로

$a_1 = a_7 = a_{13} = \cdots = a_{43} = a_{49}$
$a_2 = a_8 = a_{14} = \cdots = a_{44} = a_{50}$
$a_3 = a_9 = a_{15} = \cdots = a_{45}$
$a_4 = a_{10} = a_{16} = \cdots = a_{46}$
$a_5 = a_{11} = a_{17} = \cdots = a_{47}$
$a_6 = a_{12} = a_{18} = \cdots = a_{48} \qquad \cdots\cdots ㉯$

$$\sum_{k=1}^{50}a_k = 8\sum_{k=1}^{6}a_k + a_1 + a_2$$
$$= 8\{7+p+3+(p-4)+(-1)+(p-8)\} + 7 + p$$
$$= 8(3p-3) + 7 + p$$
$$= 25p - 17 = 258$$

$25p = 275 \qquad \therefore p = 11$

$$\therefore a_2 = 11 \qquad \cdots\cdots ㉰$$

채점 기준	배점
㉮ 조건 ㉮를 이용해 $a_1, a_2, a_3, \cdots a_6$의 값 구하기	2점
㉯ 조건 ㉯를 이용해 a_n의 규칙 찾기	3점
㉰ 답 구하기	3점

23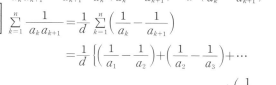

$$\frac{1}{a_k a_{k+1}} = \frac{1}{a_{k+1}-a_k}\left(\frac{1}{a_k}-\frac{1}{a_{k+1}}\right) = \frac{1}{d}\left(\frac{1}{a_k}-\frac{1}{a_{k+1}}\right)$$이므로

$$\sum_{k=1}^{n}\frac{1}{a_k a_{k+1}} = \frac{1}{d}\sum_{k=1}^{n}\left(\frac{1}{a_k}-\frac{1}{a_{k+1}}\right)$$
$$= \frac{1}{d}\left\{\left(\frac{1}{a_1}-\frac{1}{a_2}\right) + \left(\frac{1}{a_2}-\frac{1}{a_3}\right) + \cdots\right.$$
$$\left.+ \left(\frac{1}{a_n}-\frac{1}{a_{n+1}}\right)\right\}$$
$$= \frac{1}{d}\left(\frac{1}{a_1}-\frac{1}{a_{n+1}}\right)$$
$$= \frac{1}{d}\left(\frac{1}{a}-\frac{1}{a+nd}\right)$$
$$= \frac{n}{a(a+nd)} \qquad \cdots\cdots ㉮$$

따라서 $f(n) = n$이므로

$$f(50) = 50 \qquad \cdots\cdots ㉯$$

채점 기준	배점
㉮ $\sum\limits_{k=1}^{n}\dfrac{1}{a_k a_{k+1}} = \dfrac{n}{a(a+nd)}$ 구하기	5점
㉯ 답 구하기	3점

20○○학년도 2학년 1학기 기말고사 (5회)

01 ②	02 ①	03 ④	04 ③	05 ⑤
06 ④	07 ④	08 ③	09 ①	10 ②
11 ③	12 ④	13 ①	14 ⑤	15 ②
16 ⑤	17 ③	18 ①	19 24	
20 $b=c$인 이등변삼각형			21 5	22 303
23 $\dfrac{81}{55}$				

01 $a_1=4\times1+3=7$, $a_5=4\times5+3=23$이므로
$a_1+a_5=30$

02 $\displaystyle\sum_{k=1}^{10}(2a_k-b_k+4)=2\sum_{k=1}^{10}a_k-\sum_{k=1}^{10}b_k+\sum_{k=1}^{10}4$
$\qquad\qquad\qquad\qquad=2\times7-10+4\times10=44$

03 8, ○, △, 1에서 공비를 r라 하면
$1=8\times r^3$, $r^3=\dfrac{1}{8}$ $\quad\therefore r=\dfrac{1}{2}$
$\therefore$ ○$=4$, △$=2$
□, 6, △, 즉 □, 6, 2에서
$2\times$□$=36$ $\quad\therefore$ □$=18$
한편, a는 2와 18의 양의 등비중항이므로
$a=6$
따라서 2, 6, 18, b는 공비가 3인 등비수열을 이루므로
$b=18\times3=54$
$\therefore a+b=6+54=60$

2		8
a		○
□	6	△
b		1

04 $a_1=4$, $a_{n+1}=a_n+2^n$이므로
$a_2=a_1+2=4+2=6$
$a_3=a_2+2^2=6+4=10$
$a_4=a_3+2^3=10+8=18$
$\therefore \displaystyle\sum_{k=1}^{4}a_k=4+6+10+18=38$

05 수열 $\{a_n\}$의 첫째항부터 제 n항까지의 합 S_n에 대하여
$\log_3(S_n+3)=n+1$이 성립하므로
$S_n+3=3^{n+1}$ $\quad\therefore S_n=3^{n+1}-3$
따라서 수열의 합과 일반항 사이의 관계에서
$a_3=S_3-S_2$
$\quad=(3^4-3)-(3^3-3)$
$\quad=3^4-3^3=81-27$
$\quad=54$

06 삼각형 ABC에서 사인법칙에 의하여
$\dfrac{6}{\sin45°}=\dfrac{\overline{AC}}{\sin30°}$, $\dfrac{6}{\frac{\sqrt2}{2}}=\dfrac{\overline{AC}}{\frac{1}{2}}$
$\therefore \overline{AC}=3\sqrt2$

07 주어진 등차수열의 첫째항을 a, 공차를 d라 하면
$a_4=a+3d=-12$ ……㉠
$a_8=a+7d=28$ ……㉡
㉠, ㉡을 연립하여 풀면
$a=-42$, $d=10$
$\therefore a_n=-42+(n-1)\times10=10n-52$
$10n-52<0$에서 $n<5.2$
즉, 제 5항까지가 음수이므로 첫째항부터 제 5항까지의 합이 최소가 된다.
$\therefore S_5=\dfrac{5\times\{2\times(-42)+4\times10\}}{2}=-110$

08 등비수열 $\{a_n\}$의 첫째항을 a, 공비를 r라 하면
$a_2=ar=3$ ……㉠
$a_5=ar^4=24$ ……㉡
㉡÷㉠을 하면
$r^3=8$ $\quad\therefore r=2$
$r=2$를 ㉠에 대입하면
$2a=3$ $\quad\therefore a=\dfrac{3}{2}$
첫째항부터 제 n항까지의 합을 S_n이라 하면
$S_n=\dfrac{\frac{3}{2}(2^n-1)}{2-1}=\dfrac{3}{2}(2^n-1)$
$S_n>600$에서
$\dfrac{3}{2}(2^n-1)>600$, $2^n-1>400$
$\therefore 2^n>401$
이때, $2^8=256$, $2^9=512$이므로 $n\geq9$
따라서 첫째항부터 제 9항까지의 합이 처음으로 600보다 커진다.

09 $\displaystyle\sum_{k=1}^{15}(a_k+2)^2-\sum_{k=1}^{15}(a_k-2)^2$
$=\displaystyle\sum_{k=1}^{15}\{(a_k+2)^2-(a_k-2)^2\}$
$=\displaystyle\sum_{k=1}^{15}8a_k$
$=8\displaystyle\sum_{k=1}^{15}(\sqrt{k+1}-\sqrt{k})$
$=8\{(\sqrt2-1)+(\sqrt3-\sqrt2)+(\sqrt4-\sqrt3)+\cdots$
$\qquad\qquad\qquad\qquad+(\sqrt{15}-\sqrt{14})+(\sqrt{16}-\sqrt{15})\}$
$=8(-1+\sqrt{16})=24$

10 △ABC에서 제이 코사인법칙에 의하여
$\cos C=\dfrac{a^2+b^2-c^2}{2ab}=\dfrac{9+4-16}{2\times3\times2}=-\dfrac{1}{4}$
$\therefore \sin C=\sqrt{1-\cos^2 C}$ ($\because 0°<C<180°$)
$\qquad\quad=\sqrt{1-\left(-\dfrac{1}{4}\right)^2}$
$\qquad\quad=\dfrac{\sqrt{15}}{4}$
△ABC의 외접원의 반지름의 길이를 R라 하면 사인법칙에 의하여

$$R=\frac{c}{2\sin C}=\frac{4}{2\times\frac{\sqrt{15}}{4}}=\frac{8}{\sqrt{15}}$$

$\therefore\ 15R^2=15\times\frac{64}{15}=64$

핵심 포인트

삼각형 ABC의 외접원의 반지름의 길이를 R라 하면

$$\frac{a}{\sin A}=\frac{b}{\sin B}=\frac{c}{\sin C}=2R$$

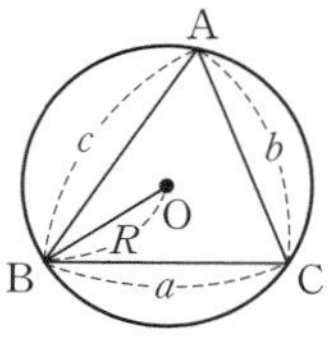

11 두 변 AB, BC의 길이를 각각 a, b라 하면

삼각형 ABC에서

$\overline{AC}^2=a^2+b^2-2ab\cos 60^\circ$

$\therefore\ a^2+b^2-ab=9$ ······ ㉠

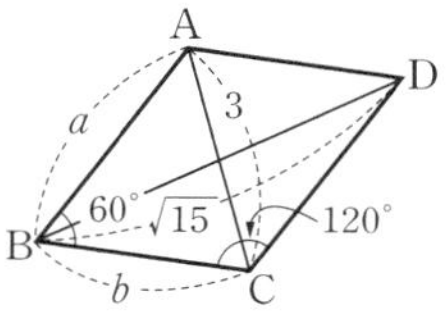

삼각형 ABD에서

$\overline{BD}^2=a^2+b^2-2ab\cos 120^\circ$

$\therefore\ a^2+b^2+ab=15$ ······ ㉡

㉡−㉠에서 $2ab=6$ $\quad\therefore\ ab=3$

따라서 구하는 넓이는

$ab\sin 60^\circ=\frac{3\sqrt{3}}{2}$

12 등비수열 $\{a_n\}$의 첫째항을 a, 공비를 r, 첫째항부터 제n항까지의 합을 S_n이라 하면

$a_1+a_2+a_3+a_4+a_5=S_5=\frac{a(r^5-1)}{r-1}=3$ ······ ㉠

$a_6+a_7+a_8+a_9+a_{10}=S_{10}-S_5=6$이므로

$S_{10}=S_5+6=9$

$\therefore\ S_{10}=\frac{a(r^{10}-1)}{r-1}=\frac{a(r^5-1)(r^5+1)}{r-1}=9$ ······ ㉡

㉡÷㉠을 하면 $r^5+1=3$, $r^5=2$

$$\begin{aligned}\therefore\ a_1+a_2+a_3+\cdots+a_{30}&=S_{30}\\&=\frac{a(r^{30}-1)}{r-1}\\&=\frac{a(r^{10}-1)(r^{20}+r^{10}+1)}{r-1}\\&=\frac{a(r^{10}-1)}{r-1}\times(r^{20}+r^{10}+1)\\&=9\times(2^4+2^2+1)=189\end{aligned}$$

13 등비수열 $\{a_n\}$의 공비를 r라 하면

$a_3=a_1r^2=6$ ······ ㉠

$a_7=a_1r^6=24$ ······ ㉡

㉡÷㉠을 하면 $r^4=4$

$\therefore\ r^2=2$ ($\because$ r는 실수)

$r^2=2$를 ㉠에 대입하면

$2a_1=6$ $\quad\therefore\ a_1=3$

따라서 $a_1^2+a_2^2+a_3^2+\cdots+a_{10}^2$은 첫째항이 $a_1^2=3^2=9$, 공비가 $r^2=2$인 등비수열의 첫째항부터 제10항까지의 합이므로

$\frac{9(2^{10}-1)}{2-1}=9\times1023=9207$

14 $a_1=100$, $a_2=\frac{1}{2}a_1=50$

$a_3=\frac{1}{2}a_2=25$, $a_4=a_3+1=26$

$a_5=\frac{1}{2}a_4=13$, $a_6=a_5+1=14$

$a_7=\frac{1}{2}a_6=7$, $a_8=a_7+1=8$

$a_9=\frac{1}{2}a_8=4$, $a_{10}=\frac{1}{2}a_9=2$

$a_{11}=\frac{1}{2}a_{10}=1$, $a_{12}=a_{11}+1=2$

$\vdots$

따라서 $n\ge10$일 때, $a_n=\begin{cases}2\ (n\text{이 짝수})\\1\ (n\text{이 홀수})\end{cases}$

$$\begin{aligned}\therefore\ \sum_{k=10}^{49}a_k&=(a_{10}+a_{11})+(a_{12}+a_{13})+\cdots+(a_{48}+a_{49})\\&=3\times20=60\end{aligned}$$

15 수열 $\{a_n\}$은 조건 (나)에 의하여 공비가 -2인 등비수열이므로

$a_1=a_2+6$에서

$a_1=-2a_1+6$ $\quad\therefore\ a_1=2$

따라서 $a_n=2\times(-2)^{n-1}$이므로

$a_8=2\times(-2)^7=-256$

16 그림과 같이 $\angle AOP=\angle AOS$, $\angle BOP=\angle BOT$가 되도록 두 부채꼴 AOS와 BOT를 만들면

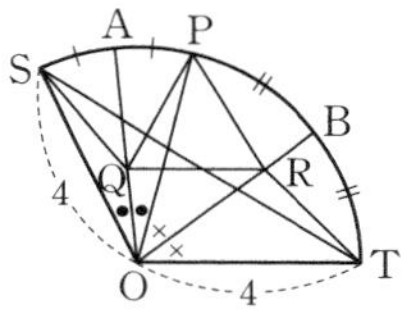

$\angle SOT=75^\circ\times2=150^\circ$

$\overline{PQ}=\overline{SQ}$, $\overline{RP}=\overline{RT}$이므로

$\overline{PQ}+\overline{QR}+\overline{RP}=\overline{SQ}+\overline{QR}+\overline{RT}\ge\overline{ST}$

삼각형 SOT에서 제이 코사인법칙에 의하여

$\overline{ST}^2=4^2+4^2-2\times4\times4\times\cos150^\circ=16(2+\sqrt{3})$

$\therefore\ k^2=16(2+\sqrt{3})$

17 조건 (가), (나)에서 수열 $\{a_n\}$은 첫째항이 1, 공차가 3인 등차수열이므로 $a_n=3n-2$

조건 (다)에서 수열 $\{a_n\}$은 a_1, a_2, $\cdots$, a_{12}가 반복되므로

$$\begin{aligned}\sum_{k=1}^{40}a_k&=\sum_{k=1}^{36}a_k+a_1+a_2+a_3+a_4\\&=3\sum_{k=1}^{12}(3k-2)+(1+4+7+10)\\&=3\left(3\times\frac{12\times13}{2}-2\times12\right)+22=652\end{aligned}$$

18 주어진 수열을 다음과 같이 분모가 같은 것끼리 묶어 군수열로 나타내면

$\left(\frac{1}{2}\right), \left(\frac{1}{3}, \frac{2}{3}\right), \left(\frac{1}{4}, \frac{2}{4}, \frac{3}{4}\right), \left(\frac{1}{5}, \frac{2}{5}, \frac{3}{5}, \frac{4}{5}\right), \cdots$

이때, 제n군의 합을 a_n이라 하면

$\{a_n\}$: $\frac{1}{2}$, 1, $\frac{3}{2}$, 2, $\cdots$이므로 $a_n=\frac{1}{2}n$

한편, 제n군의 항의 개수가 n이므로 제1군부터 제n군까지의 항의 개수를 b_n이라 하면

$$b_n = \sum_{k=1}^{n} k = \frac{n(n+1)}{2}$$

$b_{13} = \frac{13 \times 14}{2} = 91$, $b_{14} = \frac{14 \times 15}{2} = 105$이므로

제100항은 제14군의 9번째 항이다.

따라서 첫째항부터 제100항까지의 합은

$$\sum_{n=1}^{13} \frac{1}{2}n + \frac{1+2+\cdots+9}{15} = \frac{1}{2} \times \frac{13 \times 14}{2} + \frac{45}{15} = \frac{97}{2}$$

핵심 포인트

군수열

수열

$$1,\ 1,\ 2,\ 1,\ 2,\ 3,\ \cdots,\ 1,\ 2,\ 3,\ \cdots,\ n,\ \cdots$$

을 규칙에 따라 괄호로 묶어서 다음과 같이 나열할 수 있다.

$$(1),\ (1, 2),\ (1, 2, 3),\ \cdots,\ (1, 2, 3,\ \cdots,\ n),\ \cdots$$

이와 같이 수열의 항을 차례로 몇 개씩 묶어 군으로 나눈 수열을 군수열이라고 한다.

19 등차수열 $\{a_n\}$의 첫째항을 a, 공차를 d라 하면

$a_3 + a_5 = (a+2d) + (a+4d) = 2a + 6d = 12$

$\therefore a + 3d = 6$ ……㉠

$a_4 + a_8 = (a+3d) + (a+7d) = 2a + 10d = 24$

$\therefore a + 5d = 12$ ……㉡

㉠, ㉡을 연립하여 풀면 $a = -3$, $d = 3$ ……㉮

$\therefore a_{10} = a + 9d$

$\qquad = -3 + 9 \times 3 = 24$ ……㉯

채점 기준	배점
㉮ $a = -3$, $d = 3$ 구하기	3점
㉯ 답 구하기	3점

20 $2\cos B \sin C = \sin A$에서

$\cos B = \dfrac{c^2 + a^2 - b^2}{2ca}$이고, $\sin C = \dfrac{c}{2R}$, $\sin A = \dfrac{a}{2R}$이므로

$2 \times \dfrac{c^2 + a^2 - b^2}{2ca} \times \dfrac{c}{2R} = \dfrac{a}{2R}$ ……㉮

$c^2 + a^2 - b^2 = a^2$, $c^2 - b^2 = 0$

$(c-b)(c+b) = 0$에서 $b = c$ ($\because b+c>0$)

따라서 삼각형 ABC는 $b = c$인 이등변삼각형이다. ……㉯

채점 기준	배점
㉮ 등식 $2\cos B \sin C = \sin A$ 변형하기	3점
㉯ 답 구하기	3점

21 $S_n = n^2 - 10n$에서

$n \geq 2$일 때,

$a_n = S_n - S_{n-1} = (n^2 - 10n) - \{(n-1)^2 - 10(n-1)\}$

$\qquad = 2n - 11$ ……㉠

$n = 1$일 때, $a_1 = S_1 = 1^2 - 10 \times 1 = -9$

이때, $a_1 = -9$는 ㉠에 $n=1$을 대입한 것과 같으므로

$a_n = 2n - 11$ ($n \geq 1$) ……㉮

이때, $a_n < 0$에서 $2n - 11 < 0$

$\therefore n < \dfrac{11}{2} = 5.5$

따라서 구하는 자연수 n의 최댓값은 5이다. ……㉯

채점 기준	배점
㉮ $a_n = 2n - 11$ 구하기	3점
㉯ 답 구하기	3점

22 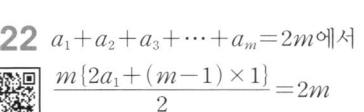 $a_1 + a_2 + a_3 + \cdots + a_m = 2m$에서

$\dfrac{m\{2a_1 + (m-1) \times 1\}}{2} = 2m$

$\therefore 2a_1 + m = 5$ ……㉠

$b_1 + b_2 + b_3 + \cdots + b_{2m} = m$에서

$\dfrac{2m\{2b_1 + (2m-1) \times 1\}}{2} = m$

$\therefore b_1 + m = 1$ ……㉡ ……㉮

$b_{2m} - a_m = 99$에서

$b_1 + (2m-1) - \{a_1 + (m-1)\} = 99$

$\therefore b_1 - a_1 + m = 99$ ……㉢

㉠, ㉡, ㉢을 연립하여 풀면

$a_1 = -98$, $b_1 = -200$, $m = 201$ ……㉯

$\therefore a_{2m} - b_m = a_1 + (2m-1) - \{b_1 + (m-1)\}$

$\qquad = a_1 - b_1 + m$

$\qquad = -98 - (-200) + 201 = 303$ ……㉰

채점 기준	배점
㉮ ㉠, ㉡ 구하기	3점
㉯ a_1, b_1, m의 값 구하기	3점
㉰ 답 구하기	2점

23 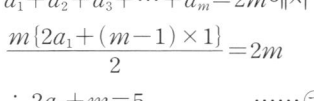 $y = x^2$과 $y = nx$의 교점은 $(0, 0)$, (n, n^2)이므로

$a_n = (n + 2n + 3n + \cdots + n \times n) - (1^2 + 2^2 + \cdots + n^2)$

$\qquad = \dfrac{n(n+1)}{2} \times n - \dfrac{n(n+1)(2n+1)}{6}$

$\qquad = \dfrac{n(n+1)}{6} \{3n - (2n+1)\}$

$\qquad = \dfrac{(n-1)n(n+1)}{6}$ ……㉮

$\therefore \displaystyle\sum_{k=2}^{10} \dfrac{1}{a_k} = \sum_{k=2}^{10} \dfrac{6}{(k-1)k(k+1)}$

$\qquad = \displaystyle\sum_{k=2}^{10} 3\left\{ \dfrac{1}{(k-1)k} - \dfrac{1}{k(k+1)} \right\}$ ……㉯

$\qquad = 3\left\{ \left(\dfrac{1}{1 \times 2} - \dfrac{1}{2 \times 3} \right) + \left(\dfrac{1}{2 \times 3} - \dfrac{1}{3 \times 4} \right) + \cdots \right.$

$\qquad\qquad \left. + \left(\dfrac{1}{9 \times 10} - \dfrac{1}{10 \times 11} \right) \right\}$

$\qquad = 3\left(\dfrac{1}{1 \times 2} - \dfrac{1}{10 \times 11} \right) = \dfrac{81}{55}$ ……㉰

채점 기준	배점
㉮ $a_n = \dfrac{(n-1)n(n+1)}{6}$ 구하기	3점
㉯ 부분분수로 분리하기	3점
㉰ 답 구하기	2점

20○○학년도 2학년 1학기 기말고사(6회)

01 ③	02 ②	03 ①	04 ⑤	05 ⑤
06 ②	07 ④	08 ④	09 ⑤	10 ③
11 ①	12 ③	13 ④	14 ②	15 ⑤
16 ②	17 ①	18 ④	19 제10항	20 9
21 8	22 10	23 4		

01 $S=\dfrac{1}{2}\times\overline{AB}\times\overline{AC}\times\sin A$에서

$24\sqrt{3}=\dfrac{1}{2}\times12\times8\times\sin A$

$\therefore \sin A=\dfrac{\sqrt{3}}{2}$

$\cos^2 A=1-\sin^2 A$

$\qquad =1-\dfrac{3}{4}=\dfrac{1}{4}$

$\therefore \cos A=\dfrac{1}{2}\ (\because 0°<\angle A\le90°)$

02 $C=180°-(40°+80°)=60°$

사인법칙에 의하여

$2R=\dfrac{\overline{AB}}{\sin C}=\dfrac{6}{\dfrac{\sqrt{3}}{2}}=4\sqrt{3}$

따라서 $R=2\sqrt{3}$이므로

$R^2=12$

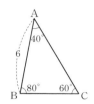

03 $a_1=2$이고 $a_{n+1}=3a_n-2$의 n에 $n=1, 2, 3, 4$를 순서대로 대입하면

$a_2=3a_1-2=3\times2-2=4$

$a_3=3a_2-2=3\times4-2=10$

$a_4=3a_3-2=3\times10-2=28$

$a_5=3a_4-2=3\times28-2=82$

$\therefore a_5-a_4=82-28=54$

04 $a_1=11$

$a_2=a_1+3=11+3=14$

$a_3=\dfrac{1}{2}a_2=\dfrac{1}{2}\times14=7$

$a_4=a_3+3=7+3=10$

$a_5=\dfrac{1}{2}a_4=\dfrac{1}{2}\times10=5$

$\therefore a_6=a_5+3=5+3=8$

05 등비수열 $\{a_n\}$의 공비를 r라 하면 첫째항이 16이므로

$a_4 : a_8=16r^3 : 16r^7$

$\qquad =1 : r^4=2 : 3$

$2r^4=3 \qquad \therefore r^4=\dfrac{3}{2}$

$\therefore a_{13}=16r^{12}=16\times(r^4)^3$

$\qquad =16\times\left(\dfrac{3}{2}\right)^3$

$\qquad =54$

06 $\sum\limits_{k=1}^{5}\left(\dfrac{1}{5}k^2-3^{k+1}\right)=\dfrac{1}{5}\sum\limits_{k=1}^{5}k^2-\sum\limits_{k=1}^{5}3^{k+1}$

$\qquad =\dfrac{1}{5}\times\dfrac{5\times6\times11}{6}-\dfrac{9(3^5-1)}{3-1}$

$\qquad =11-1089=-1078$

07 $a_{n+1}^{~2}=a_n a_{n+2}$에서 수열 $\{a_n\}$은 등비수열이고 첫째항이 4, 공비가 $\dfrac{a_2}{a_1}=\dfrac{3}{2}$이므로

$a_n=4\left(\dfrac{3}{2}\right)^{n-1} \qquad \therefore a_{15}=4\left(\dfrac{3}{2}\right)^{14}$

08 $x, 4, y$가 등비수열을 이루므로

$4^2=xy \qquad\qquad \cdots\cdots ㉠$

$x-1, 3, y-3$이 등차수열을 이루므로

$2\times3=(x-1)+(y-3)$

$\therefore x+y=10 \qquad \cdots\cdots ㉡$

㉠, ㉡에 의하여

$x^2+y^2=(x+y)^2-2xy=10^2-2\times16=68$

> **핵심 포인트**
>
> 세 수 a, b, c가 이 순서로
> (1) 등차수열을 이루면 $2b=a+c$
> $\quad\Rightarrow b$는 a와 c의 등차중항
> (2) 등비수열을 이루면 $b^2=ac$
> $\quad\Rightarrow b$는 a와 c의 등비중항

09 $f(n)=\sum\limits_{k=1}^{n}(k^2+1)-\sum\limits_{k=1}^{n-1}(k^2-1)$

$\qquad =\sum\limits_{k=1}^{n}(k^2+1)-\left\{\sum\limits_{k=1}^{n}(k^2-1)-(n^2-1)\right\}$

$\qquad =\sum\limits_{k=1}^{n}(k^2+1)-\sum\limits_{k=1}^{n}(k^2-1)+(n^2-1)$

$\qquad =\sum\limits_{k=1}^{n}\{(k^2+1)-(k^2-1)\}+(n^2-1)$

$\qquad =\sum\limits_{k=1}^{n}2+n^2-1=n^2+2n-1$

$\therefore f(9)=9^2+2\times9-1=98$

10 등차수열 $\{a_n\}$의 첫째항을 a, 공차를 d라 하고 첫째항부터 제n항까지의 합을 S_n이라 하면

$S_{10}=\dfrac{10(2a+9d)}{2}=150$에서

$2a+9d=30 \qquad \cdots\cdots ㉠$

$S_{20}=\dfrac{20(2a+19d)}{2}=500$에서

$2a+19d=50 \qquad \cdots\cdots ㉡$

㉡-㉠을 하면 $10d=20$

$\therefore d=2, a=6$

즉, $S_{30}=\dfrac{30\{2\times6+(30-1)\times2\}}{2}=1050$이므로

$a_{21}+a_{22}+a_{23}+\cdots+a_{30}=S_{30}-S_{20}$

$\qquad\qquad =1050-500$

$\qquad\qquad =550$

11 사각형 ABCD의 넓이 S는

$$S=\frac{1}{2}ab\sin 30°=\frac{1}{2}ab\times\frac{1}{2}=\frac{1}{4}ab$$

이므로 $\frac{1}{4}ab=6$에서 $ab=24$

$$\begin{aligned}\therefore a^2+b^2&=(a+b)^2-2ab\\&=10^2-2\times24\\&=52\end{aligned}$$

12 그림과 같이 등대의 꼭대기 C에서
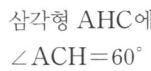
지면에 내린 수선의 발을 H라 하면
삼각형 AHC에서
$\angle ACH=60°$
삼각형 BHC에서
$\angle BCH=\angle CBH=45°$이므로 삼각형 BHC는 $\overline{BH}=\overline{CH}$인
직각이등변삼각형이다.
$\overline{BH}=\overline{CH}=x$ m라 하면 삼각형 AHC에서 사인법칙에 의하여

$$\frac{\overline{CH}}{\sin 30°}=\frac{\overline{AH}}{\sin 60°},\ \frac{x}{\sin 30°}=\frac{4+x}{\sin 60°}$$

$x\sin 60°=(4+x)\sin 30°,\ \sqrt{3}x=4+x$

$(\sqrt{3}-1)x=4$　$\therefore x=\frac{4}{\sqrt{3}-1}=2(\sqrt{3}+1)$ (m)

따라서 등대의 높이는 $2(\sqrt{3}+1)$ m이다.

13 첫째항부터 제n항까지의 합을 S_n이라 하면

$$\sum_{k=1}^{n}a_k=S_n=2n^2+n$$이므로

(ⅰ) $n\geq2$일 때,

$$\begin{aligned}a_n&=S_n-S_{n-1}=2n^2+n-\{2(n-1)^2+(n-1)\}\\&=4n-1\end{aligned}$$

(ⅱ) $n=1$일 때,

$$a_1=S_1=2\times1^2+1=3$$

$a_1=3$은 $a_n=4n-1$에 $n=1$을 대입한 것과 같다.

$$\therefore a_n=4n-1$$

$$\begin{aligned}\therefore \sum_{k=1}^{10}\frac{4}{a_ka_{k+1}}&=\sum_{k=1}^{10}\frac{4}{(4k-1)(4k+3)}\\&=\sum_{k=1}^{10}\left(\frac{1}{4k-1}-\frac{1}{4k+3}\right)\\&=\left(\frac{1}{3}-\frac{1}{7}\right)+\left(\frac{1}{7}-\frac{1}{11}\right)+\cdots+\left(\frac{1}{39}-\frac{1}{43}\right)\\&=\frac{1}{3}-\frac{1}{43}=\frac{40}{129}\end{aligned}$$

따라서 $p=129,\ q=40$이므로 $p+q=169$

14 등차수열 $\{a_n\}$의 첫째항을 a, 공차를 d라 하면
$a_5+a_{13}=3(S_9-S_8)=3a_9$에서
$(a+4d)+(a+12d)=3(a+8d)$
이를 정리하면 $a=-8d$　　……㉠
$S_{18}=\frac{9}{2}$에서 $\frac{18(2a+17d)}{2}=\frac{9}{2}$
이를 정리하면 $4a+34d=1$　　……㉡
㉠, ㉡을 연립하여 풀면 $a=-4,\ d=\frac{1}{2}$

$$\therefore a_{11}=a+10d=1$$

15
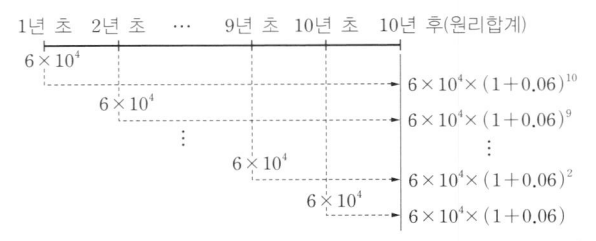

매년 초에 6만 원씩, 연이율 6%, 1년마다 복리로 적립한 적립
금의 10년 후의 원리합계는
$6\times10^4\times1.06+6\times10^4\times1.06^2+\cdots+6\times10^4\times1.06^{10}$

$$=\frac{6\times10^4\times1.06\times\{(1.06)^{10}-1\}}{1.06-1}$$

$$=\frac{6\times10^4\times1.06\times(1.8-1)}{0.06}=848000\ (원)$$

따라서 10년 후의 원리합계는 848000원이다.

16 다항식 $f(x)$를 $x+1$, $x-2$로 나눈 나머지가 각각 2, 5이므로
$f(-1)=2,\ f(2)=5$
다항식 $f(x)$를 $(x+1)(x-2)$로 나눈 몫을 $Q(x)$, 나머지를
$R(x)=ax+b$ (a, b는 상수)라 하면
$$f(x)=(x+1)(x-2)Q(x)+ax+b　　……㉠$$
㉠의 양변에 $x=-1$, $x=2$를 각각 대입하면
$f(-1)=-a+b=2,\ f(2)=2a+b=5$
위의 두 식을 연립하여 풀면 $a=1,\ b=3$

$$\therefore R(x)=x+3$$

$$\therefore \sum_{k=1}^{10}R(k)=\sum_{k=1}^{10}(k+3)=\frac{10\times11}{2}+3\times10=85$$

17 두 등차수열 $\{a_n\}$, $\{b_n\}$의 첫째항을 각각 a, b라 하고, 공차를
각각 d_1, d_2라 하면
$a_3+b_{14}=14$에서 $(a+2d_1)+(b+13d_2)=14$　　……㉠
$a_{24}+b_5=32$에서 $(a+23d_1)+(b+4d_2)=32$　　……㉡
㉡－㉠을 하면 $21d_1-9d_2=18$

$$\therefore 7d_1-3d_2=6$$

$$\begin{aligned}(a_{17}+b_8)-(a_3+b_{14})&=\{(a+16d_1)+(b+7d_2)\}\\&\quad-\{(a+2d_1)+(b+13d_2)\}\\&=14d_1-6d_2\end{aligned}$$

이므로

$$\begin{aligned}a_{17}+b_8&=a_3+b_{14}+(14d_1-6d_2)\\&=a_3+b_{14}+2(7d_1-3d_2)\\&=14+2\times6=26\end{aligned}$$

[다른 풀이]

$c_n=a_{7n-4}+b_{17-3n}$이라 하면 수열 $\{c_n\}$도 등차수열이다.
$c_1=a_3+b_{14}=14$, $c_4=a_{24}+b_5=32$이므로
등차수열 $\{c_n\}$의 공차를 d라 하면
$c_4-c_1=3d=18$　$\therefore d=6$

$$\therefore a_{17}+b_8=c_3=14+2\times6=26$$

18 수열 4, a_1, a_2, a_3, $\cdots$, a_n, 10의 공비를 r $(r\neq1)$라 하면
$10=4\times r^{(n+2)-1}=4r^{n+1}$

$$\therefore r^{n+1}=\frac{5}{2}　　……㉠$$

수열 $a_1, a_2, a_3, \cdots, a_n$은 첫째항이 $4r$, 공비가 r인 등비수열이므로

$$a_1+a_2+a_3+\cdots+a_n=\frac{4r(1-r^n)}{1-r}$$

수열 $\dfrac{1}{a_1}, \dfrac{1}{a_2}, \dfrac{1}{a_3}, \cdots, \dfrac{1}{a_n}$은 첫째항이 $\dfrac{1}{4r}$, 공비가 $\dfrac{1}{r}$인 등비수열이므로

$$\frac{1}{a_1}+\frac{1}{a_2}+\frac{1}{a_3}+\cdots+\frac{1}{a_n}=\frac{\dfrac{1}{4r}\left\{\left(\dfrac{1}{r}\right)^n-1\right\}}{\dfrac{1}{r}-1}$$

$$=\frac{1-r^n}{4r^n(1-r)}$$

즉, $\dfrac{4r(1-r^n)}{1-r}=p\left\{\dfrac{1-r^n}{4r^n(1-r)}\right\}$이므로 $4r=\dfrac{p}{4r^n}$

$$\therefore p=4r\times 4r^n=16r^{n+1}=16\times\frac{5}{2}=40\ (\because \textcircled{\tiny ㉠})$$

> **핵심 포인트**
>
> 두 수 사이에 수를 넣어서 만든 등비수열
>
> 두 수 a, b 사이에 n개의 수를 넣어서 만든 등비수열에서
>
> ➡ 첫째항은 a, 제 $(n+2)$항은 b
>
> ➡ $b=ar^{n+1}$ (단, r는 공비)

19 등차수열 $\{a_n\}$에서 $a_1=-35$이고 공차는 $a_6-a_5=4$이므로

$$a_n=-35+(n-1)\times 4=4n-39 \quad \cdots\cdots \text{㉮}$$

$4n-39>0$에서 $4n>39$

$$\therefore n>\frac{39}{4}=9.75$$

따라서 이를 만족시키는 자연수 n의 최솟값은 10이므로 제10항부터 양수가 된다. $\quad \cdots\cdots \text{㉯}$

채점 기준	배점
㉮ 일반항 a_n 구하기	3점
㉯ 답 구하기	3점

20 $\overline{BE}=\overline{BG}=\sqrt{6^2+2^2}=2\sqrt{10}$

$\overline{EG}=\sqrt{2^2+2^2}=2\sqrt{2}$ $\quad \cdots\cdots \text{㉮}$

따라서 삼각형 EBG에서

$$\cos\theta=\frac{(2\sqrt{10})^2+(2\sqrt{10})^2-(2\sqrt{2})^2}{2\times 2\sqrt{10}\times 2\sqrt{10}}=\frac{72}{80}=\frac{9}{10}$$

$$\therefore 10\cos\theta=10\times\frac{9}{10}=9 \quad \cdots\cdots \text{㉯}$$

채점 기준	배점
㉮ $\overline{BE}=\overline{BG}=2\sqrt{10}$, $\overline{EG}=2\sqrt{2}$ 구하기	3점
㉯ 답 구하기	3점

21 등비수열 $2, x_1, x_2, \cdots, 32$에서

첫째항이 2, 공비를 r, 제n항을 32라 하면

$$32=2r^{n-1} \quad \cdots\cdots \text{㉮}$$

첫째항부터 제n항까지의 합을 S_n이라 하면

$$S_n=\frac{2(1-r^n)}{1-r}=\frac{2-2r^n}{1-r}=\frac{2-r\times 2r^{n-1}}{1-r}$$

$$=\frac{2-32r}{1-r}=22$$

$2-32r=22-22r \quad \therefore r=-2 \quad \cdots\cdots \text{㉯}$

$\therefore x_2=2\times(-2)^2=8 \quad \cdots\cdots \text{㉰}$

채점 기준	배점
㉮ $32=2r^{n-1}$의 식 세우기	2점
㉯ $r=-2$ 구하기	2점
㉰ 답 구하기	2점

22 $a_1=2$, $a_n+a_{n+1}=3n$에서 $a_{n+1}=3n-a_n$이므로

$a_2=3\times 1-a_1=3-2=1$

$a_3=3\times 2-a_2=6-1=5$

$a_4=3\times 3-a_3=9-5=4$

$a_5=3\times 4-a_4=12-4=8$

$a_6=3\times 5-a_5=15-8=7$

$\vdots$

$a_{2n-1}=2+(n-1)\times 3=3n-1 \quad \cdots\cdots \text{㉮}$

$a_{2n}=1+(n-1)\times 3=3n-2 \quad \cdots\cdots \text{㉯}$

$\therefore P-Q=(a_1+a_3+a_5+a_7+\cdots+a_{19})$

$$-(a_2+a_4+a_6+a_8+\cdots+a_{20})$$

$$=\sum_{k=1}^{10}a_{2k-1}-\sum_{k=1}^{10}a_{2k}$$

$$=\sum_{k=1}^{10}\{3k-1-(3k-2)\}$$

$$=\sum_{k=1}^{10}1=10 \quad \cdots\cdots \text{㉰}$$

채점 기준	배점
㉮ $a_{2n-1}=3n-1$ 구하기	3점
㉯ $a_{2n}=3n-2$ 구하기	3점
㉰ 답 구하기	2점

23 첫째항과 공차가 모두 d인 등차수열 $\{a_n\}$의 일반항은

$a_n=nd\ (n=1, 2, 3, \cdots)$

따라서 $\overline{P_nQ_n}=d$, $\overline{P_{n+1}Q_n}=\sqrt{(n+1)d}-\sqrt{nd}$이므로

$$S_n=\frac{1}{2}d\{\sqrt{(n+1)d}-\sqrt{nd}\} \quad \cdots\cdots \text{㉮}$$

$$\therefore \sum_{n=1}^{99}S_n=\frac{d}{2}\sum_{n=1}^{99}\{\sqrt{(n+1)d}-\sqrt{nd}\}$$

$$=\frac{d}{2}\{(\sqrt{2d}-\sqrt{d})+(\sqrt{3d}-\sqrt{2d})+\cdots$$

$$+(\sqrt{100d}-\sqrt{99d})\}$$

$$=\frac{d}{2}(\sqrt{100d}-\sqrt{d})=\frac{d}{2}(10\sqrt{d}-\sqrt{d})$$

$$=\frac{9}{2}d\sqrt{d} \quad \cdots\cdots \text{㉯}$$

이때, $a_9=9d$이므로 $\dfrac{9}{2}d\sqrt{d}=9d$

$\sqrt{d}=2 \quad \therefore d=4 \quad \cdots\cdots \text{㉰}$

채점 기준	배점
㉮ S_n의 식 세우기	3점
㉯ $\displaystyle\sum_{n=1}^{99}S_n$의 값 구하기	3점
㉰ 답 구하기	2점

20○○학년도 2학년 1학기 기말고사(7회)

01 ⑤	02 ③	03 ⑤	04 ①	05 ②
06 ①	07 ③	08 ④	09 ⑤	10 ②
11 ②	12 ①	13 ⑤	14 ②	15 ③
16 ④	17 ④	18 ③	19 8	20 $\dfrac{1}{2}$
21 645	22 610	23 750		

01 6, x, 20이 이 순서대로 등차수열을 이루므로

$2x=6+20$ $\therefore x=13$

또 x, 20, y, 즉 13, 20, y도 이 순서대로 등차수열을 이루므로

$2\times20=13+y$ $\therefore y=27$

$\therefore y-x=27-13=14$

02 $\dfrac{1}{a_{n+1}}=\dfrac{1}{a_n}+2$에서 수열 $\left\{\dfrac{1}{a_n}\right\}$은 첫째항이 $\dfrac{1}{a_1}=1$, 공차가 2인 등차수열이므로

$\dfrac{1}{a_n}=1+(n-1)\times2=2n-1$

$\therefore \dfrac{1}{a_5}=2\times5-1=9$

03 주어진 등비수열의 첫째항부터 제 n항까지의 합을 S_n이라 하면 첫째항이 4, 공비가 2이므로

$S_n=\dfrac{4(2^n-1)}{2-1}=4\times2^n-4$

$4\times2^n-4>900,\ 2^n>226$

$2^7=128,\ 2^8=256$이므로 $n\geq8$

따라서 첫째항부터 제8항까지의 합이 처음으로 900보다 커진다.

04 $\displaystyle\sum_{k=2}^{9}(k+1)^2=\sum_{k=1}^{9}(k+1)^2-2^2$이므로

$\displaystyle\sum_{k=2}^{9}(k+1)^2-\sum_{k=1}^{9}(k-1)^2$

$=\displaystyle\sum_{k=1}^{9}(k+1)^2-2^2-\sum_{k=1}^{9}(k-1)^2$

$=\displaystyle\sum_{k=1}^{9}(k^2+2k+1)-\sum_{k=1}^{9}(k^2-2k+1)-4$

$=4\displaystyle\sum_{k=1}^{9}k-4$

$=4\times\dfrac{9\times10}{2}-4$

$=180-4=176$

05 $a_1=1,\ a_2=3,\ a_{n+2}-4a_{n+1}+3a_n=0$에서

$a_{n+2}=4a_{n+1}-3a_n$이므로

$a_3=4a_2-3a_1=4\times3-3\times1=9=3^2$

$a_4=4a_3-3a_2=4\times9-3\times3=27=3^3$

$a_5=4a_4-3a_3=4\times27-3\times9=81=3^4$

$\vdots$

$\therefore a_n=3^{n-1}$

따라서 수열 $\{a_n\}$에 대하여 a_{10}은

$a_{10}=3^9$

06 등차수열 $\{a_n\}$의 첫째항을 a, 공차를 d라 하면

$S_{10}=\dfrac{10\{2a+(10-1)\times d\}}{2}=120$

$\therefore 2a+9d=24$ $\cdots\cdots$ ㉠

$S_{30}=\dfrac{30\{2a+(30-1)\times d\}}{2}=960$

$\therefore 2a+29d=64$ $\cdots\cdots$ ㉡

㉠, ㉡을 연립하여 풀면 $a=3,\ d=2$

$\therefore S_{20}=\dfrac{20\{2\times3+(20-1)\times2\}}{2}=440$

07 등비수열 $\{a_n\}$의 첫째항을 a, 공비를 r라 하면

$S_2=a+ar=a(1+r)$

$S_4=\dfrac{a(r^4-1)}{r-1}$

$=\dfrac{a(r-1)(r+1)(r^2+1)}{r-1}$

$=a(r+1)(r^2+1)\ (\because r\neq1)$

이때, $\dfrac{S_4}{S_2}=7$이므로

$\dfrac{a(r+1)(r^2+1)}{a(r+1)}=7$

$r^2+1=7$ $\therefore r^2=6$

$\therefore \dfrac{a_4}{a_2}=\dfrac{ar^3}{ar}=r^2=6$

08 $\cos C=\dfrac{a^2+b^2-c^2}{2ab}=\dfrac{3^2+5^2-7^2}{2\times3\times5}$

$=-\dfrac{15}{30}=-\dfrac{1}{2}$

$\therefore C=120°\ (\because 0°<C<180°)$

09 $\overline{BM}=\overline{CM}=k$, $\angle BMA=\theta$라 하면 삼각형 ABM에서 사인법칙에 의하여

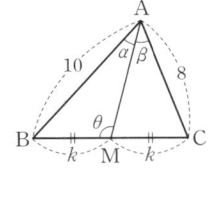

$\dfrac{k}{\sin\alpha}=\dfrac{10}{\sin\theta}$

$\therefore \sin\alpha=\dfrac{k\sin\theta}{10}$

삼각형 ACM에서 사인법칙에 의하여

$\dfrac{k}{\sin\beta}=\dfrac{8}{\sin(\pi-\theta)}=\dfrac{8}{\sin\theta}$

$\therefore \sin\beta=\dfrac{k\sin\theta}{8}$

$\therefore \dfrac{\sin\alpha}{\sin\beta}=\dfrac{\dfrac{k\sin\theta}{10}}{\dfrac{k\sin\theta}{8}}=\dfrac{4}{5}$

10 삼각형 ABC의 외접원의 반지름의 길이를 R라 하면

$\dfrac{a}{\sin A}=\dfrac{b}{\sin B}=\dfrac{c}{\sin C}=2R$이므로

$\sin A=\dfrac{a}{2R},\ \sin B=\dfrac{b}{2R},\ \sin C=\dfrac{c}{2R}$

$6 \sin A = 2\sqrt{3} \sin B = 3 \sin C$에서

$$\frac{6a}{2R} = \frac{2\sqrt{3}b}{2R} = \frac{3c}{2R}$$

$$6a = 2\sqrt{3}b = 3c$$

위의 식의 양변을 6으로 나누어 $a = \dfrac{b}{\sqrt{3}} = \dfrac{c}{2} = k$ (k는 상수)라

하면

$a = k$, $b = \sqrt{3}k$, $c = 2k$

$$\begin{aligned} \therefore \cos A &= \frac{b^2 + c^2 - a^2}{2bc} \\ &= \frac{(\sqrt{3}k)^2 + (2k)^2 - k^2}{2 \times \sqrt{3}k \times 2k} \\ &= \frac{(3+4-1)k^2}{4\sqrt{3}k^2} \\ &= \frac{6}{4\sqrt{3}} \\ &= \frac{\sqrt{3}}{2} \end{aligned}$$

11 등차수열 $\{a_n\}$의 공차를 d라 하면

$a_{90} - a_{80} = 10d = -30$ $\quad \therefore d = -3$

따라서 수열 $\{a_n\}$은 첫째항이 2, 공차가 -3인 등차수열이다.

$$\begin{aligned} \therefore\ &a_{11} + a_{12} + \cdots + a_{20} \\ &= S_{20} - S_{10} \\ &= \frac{20\{2 \times 2 + (20-1) \times (-3)\}}{2} \\ &\qquad - \frac{10\{2 \times 2 + (10-1) \times (-3)\}}{2} \\ &= -530 - (-115) \\ &= -415 \end{aligned}$$

12 등비수열 $\{a_n\}$의 공비를 r라 하면

수열 $a_1, a_3, a_5, \cdots$는 첫째항이 3, 공비가 r^2이므로

$$\begin{aligned} a_1 + a_3 + a_5 + \cdots + a_{2n-1} &= \frac{3\{(r^2)^n - 1\}}{r^2 - 1} \\ &= \frac{3(r^{2n} - 1)}{r^2 - 1} \quad \cdots\cdots \text{㉠} \end{aligned}$$

한편, $a_3 + a_5 + a_7 + \cdots + a_{2n+1} = r^2(a_1 + a_3 + a_5 + \cdots + a_{2n-1})$

$r^2(2^{30} - 1) = 2^{32} - 4 = 4(2^{30} - 1)$ $\quad \therefore r^2 = 4$

㉠에서 $\dfrac{3(4^n - 1)}{4 - 1} = 4^n - 1 = 2^{2n} - 1 = 2^{30} - 1$

따라서 $2n = 30$이므로 $n = 15$

13 $a_1 + a_2 + a_3 + \cdots + a_{10} = \displaystyle\sum_{k=1}^{10} a_k = 15$

$b_1 + b_2 + b_3 + \cdots + b_{10} = \displaystyle\sum_{k=1}^{10} b_k = 8$

$$\begin{aligned} \therefore\ \sum_{k=1}^{10} \{(\sqrt{a_k} + \sqrt{b_k})(\sqrt{a_k} - \sqrt{b_k})\} &= \sum_{k=1}^{10}(a_k - b_k) \\ &= \sum_{k=1}^{10} a_k - \sum_{k=1}^{10} b_k \\ &= 15 - 8 \\ &= 7 \end{aligned}$$

14 수열 $\{a_n\}$의 일반항에 $n = 1, 2, 3, \cdots$을 대입하면

$$a_1 = (-1) \times \sin \frac{\pi}{6} = -\frac{1}{2}$$

$$a_2 = (-1) \times \cos \frac{\pi}{3} = -\frac{1}{2}$$

$$a_3 = (-1)^2 \times \sin \frac{\pi}{2} = 1$$

$$a_4 = (-1)^2 \times \cos \frac{2}{3}\pi = -\frac{1}{2}$$

$$a_5 = (-1)^3 \times \sin \frac{5}{6}\pi = -\frac{1}{2}$$

$$a_6 = (-1)^3 \times \cos \pi = 1$$

$$\vdots$$

$-\dfrac{1}{2}, -\dfrac{1}{2}, 1$이 반복되므로 세 항씩 묶어서 계산하면

$$\begin{aligned} \sum_{k=1}^{100} a_k &= a_1 + a_2 + a_3 + \cdots + a_{97} + a_{98} + a_{99} + a_{100} \\ &= (a_1 + a_2 + a_3) + \cdots + (a_{97} + a_{98} + a_{99}) + a_{100} \\ &= \left(-\frac{1}{2} - \frac{1}{2} + 1\right) + \cdots + \left(-\frac{1}{2} - \frac{1}{2} + 1\right) - \frac{1}{2} \\ &= -\frac{1}{2} \end{aligned}$$

15 등비수열 $\{a_n\}$에 대하여 a_{20}은 a_{10}과 a_{30}, a_{11}과 a_{29}, $\cdots$, a_{19}와

a_{21}의 등비중항이므로

$a_{10}a_{30} = a_{11}a_{29} = \cdots = a_{19}a_{21} = a_{20}{}^2$

이때, $b_n = \log_3 a_n$이므로

$$\begin{aligned} \sum_{k=10}^{30} b_k &= \sum_{k=10}^{30} \log_3 a_k \\ &= \log_3 a_{10} + \log_3 a_{11} + \cdots + \log_3 a_{30} \\ &= \log_3 (a_{10}a_{11}\cdots a_{30}) \\ &= \log_3 (a_{20})^{2 \times 10 + 1} \\ &= 21 \log_3 3 = 21 \end{aligned}$$

16 $\displaystyle\sum_{k=1}^{n} k^2 a_k = n^2 + n$에서

 (i) $n = 1$일 때, $a_1 = 1^2 + 1 = 2$

(ii) $n \geq 2$일 때,

$$\begin{aligned} n^2 a_n &= \sum_{k=1}^{n} k^2 a_k - \sum_{k=1}^{n-1} k^2 a_k \\ &= n^2 + n - \{(n-1)^2 + (n-1)\} = 2n \end{aligned}$$

$$\therefore a_n = \frac{2}{n}$$

(i), (ii)에서 $a_n = \dfrac{2}{n}$ ($n \geq 1$)

$$\begin{aligned} \therefore\ \sum_{k=1}^{9} \frac{10a_k}{k+1} &= \sum_{k=1}^{9} \frac{20}{k(k+1)} \\ &= 20 \sum_{k=1}^{9} \left(\frac{1}{k} - \frac{1}{k+1}\right) \\ &= 20 \left\{\left(1 - \frac{1}{2}\right) + \left(\frac{1}{2} - \frac{1}{3}\right) + \left(\frac{1}{3} - \frac{1}{4}\right) + \cdots \right.\\ &\qquad \left. + \left(\frac{1}{8} - \frac{1}{9}\right) + \left(\frac{1}{9} - \frac{1}{10}\right)\right\} \\ &= 20 \left(1 - \frac{1}{10}\right) = 18 \end{aligned}$$

17 주어진 수열의 공차를 d라 하면 7은 제 $(n+2)$항이므로

$7 = -7 + (n+1)d$

$\therefore (n+1)d = 14$

d는 자연수이고, $n \geq 1$이므로 d의 값은 1, 2, 7 중의 하나이다.

(i) $d = 1$일 때, $n = 13$이므로 등차수열은

$-7, -6, -5, \cdots, -1, 0, 1, \cdots, 5, 6, 7$

이므로 모든 항의 절댓값의 합은

$2(1+2+3+\cdots+7) = 56$

(ii) $d = 2$일 때, $n = 6$이므로 등차수열은

$-7, -5, -3, -1, 1, 3, 5, 7$

이므로 모든 항의 절댓값의 합은

$2(1+3+5+7) = 32$

(iii) $d = 7$일 때, $n = 1$이므로 등차수열은

$-7, 0, 7$

이므로 모든 항의 절댓값의 합은

$2 \times 7 = 14$

(i), (ii), (iii)에서 모든 항의 절댓값의 합이 32일 때, $n = 6$이다.

18 두 원이 외접할 때 두 원의 중심거리는 반지름의 길이의 합과 같

으므로

$\overline{AB} = 3+4 = 7$, $\overline{BC} = 4+2 = 6$, $\overline{CA} = 2+3 = 5$

제이 코사인법칙에 의하여

$\cos B = \dfrac{7^2 + 6^2 - 5^2}{2 \times 7 \times 6} = \dfrac{5}{7}$

$\therefore \sin B = \sqrt{1 - \cos^2 B} = \sqrt{1 - \left(\dfrac{5}{7}\right)^2} = \dfrac{2\sqrt{6}}{7}$

삼각형 ABC의 외접원의 반지름의 길이가 R이므로 사인법칙에 의하여

$2R = \dfrac{\overline{CA}}{\sin B} = \dfrac{5}{\dfrac{2\sqrt{6}}{7}} = \dfrac{35\sqrt{6}}{12}$　　$\therefore R = \dfrac{35\sqrt{6}}{24}$

삼각형 ABC의 넓이를 S라 하면

$S = \dfrac{1}{2} \times \overline{AB} \times \overline{BC} \times \sin B = \dfrac{1}{2} \times 7 \times 6 \times \dfrac{2\sqrt{6}}{7}$

$\quad = 6\sqrt{6}$

삼각형 ABC의 내접원의 반지름의 길이가 r이므로

$S = \dfrac{1}{2} r(6+5+7) = 9r$, $9r = 6\sqrt{6}$　　$\therefore r = \dfrac{2\sqrt{6}}{3}$

$\therefore \dfrac{r}{R} = \dfrac{2\sqrt{6}}{3} \times \dfrac{24}{35\sqrt{6}} = \dfrac{16}{35}$

> **핵심 포인트**
>
> 두 원의 위치 관계
> 두 원 O, O′의 반지름의 길이를 각각 r, $r'(r < r')$이라 하고, 두 원의 중심거리를 d라 하면
> (1) 한 원이 다른 원의 외부에 있다. $\Longleftrightarrow r + r' < d$
> (2) 두 원이 외접한다. $\Longleftrightarrow r + r' = d$
> (3) 두 원이 서로 다른 두 점에서 만난다.
> $\Longleftrightarrow r' - r < d < r' + r$
> (4) 두 원이 내접한다. $\Longleftrightarrow r' - r = d$
> (5) 한 원이 다른 원의 내부에 있다. $\Longleftrightarrow r' - r > d$

19 첫째항을 a, 공비를 r라 하면

$a_2 = ar = 10$ ······ ㉠

$a_5 = ar^4 = 80$ ······ ㉡

㉡÷㉠을 하면

$r^3 = 8$　　$\therefore r = 2$ ······ ㉮

$r = 2$를 ㉠에 대입하면 $a = 5$

$\therefore a_n = 5 \times 2^{n-1}$ ······ ㉯

$5 \times 2^{n-1} = 640$에서 $2^{n-1} = 128$

따라서 $2^{n-1} = 2^7$이므로 $n = 8$ ······ ㉰

채점 기준	배점
㉮ $r = 2$ 구하기	2점
㉯ 일반항 a_n 구하기	2점
㉰ 답 구하기	2점

20 $\angle ABC = \theta$라 하면

$\angle A$가 둔각이므로 $0 < \theta < \dfrac{\pi}{2}$

평행사변형 ABCD의 넓이가 $10\sqrt{3}$

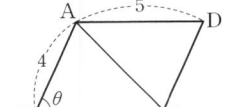

이므로

$4 \times 5 \times \sin \theta = 10\sqrt{3}$

$\therefore \sin \theta = \dfrac{\sqrt{3}}{2}$ ······ ㉮

$\cos^2 \theta = 1 - \sin^2 \theta = 1 - \dfrac{3}{4} = \dfrac{1}{4}$

$\therefore \cos \theta = \dfrac{1}{2} \left(\because 0 < \theta < \dfrac{\pi}{2}\right)$ ······ ㉯

채점 기준	배점
㉮ $\sin \theta = \dfrac{\sqrt{3}}{2}$ 구하기	3점
㉯ 답 구하기	3점

> **핵심 포인트**
>
> 평행사변형의 넓이
> 이웃하는 두 변의 길이가 a, b 이고 그 끼인각의 크기가 θ일 때,
> 평행사변형의 넓이 S는
> $S = ab \sin \theta$
>
>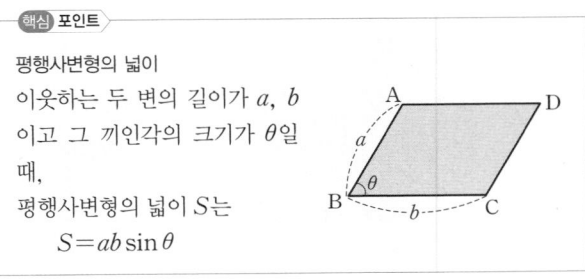

21 이차방정식 $x^2 - 2nx + n^2 = 0$의 두 근이 a_n, b_n이므로 근과 계수의 관계에 의하여

$a_n + b_n = 2n$, $a_n b_n = n^2$ ······ ㉮

$\therefore \displaystyle\sum_{k=1}^{10} (a_k + 2)(b_k + 2)$

$= \displaystyle\sum_{k=1}^{10} \{a_k b_k + 2(a_k + b_k) + 4\}$

$= \displaystyle\sum_{k=1}^{10} (k^2 + 4k + 4)$

$= \displaystyle\sum_{k=1}^{10} k^2 + 4 \sum_{k=1}^{10} k + \sum_{k=1}^{10} 4$

$= \dfrac{10 \times 11 \times 21}{6} + 4 \times \dfrac{10 \times 11}{2} + 4 \times 10$

$= 385 + 220 + 40$

$= 645$ ······ ㉯

채점 기준	배점
㉮ 근과 계수와의 관계 이용하기	3점
㉯ 답 구하기	3점

22 $S_{n+1}-S_{n-1}=a_{n+1}+a_n$이므로 주어진 식은 ······㉮

$(a_{n+1}+a_n)^2=4a_na_{n+1}+9$, $(a_{n+1}-a_n)^2=9$

$\therefore a_{n+1}-a_n=3$ $(\because a_{n+1}>a_n)$ ······㉯

즉, 수열 $\{a_n\}$은 첫째항이 2, 공차가 3인 등차수열이므로

$S_{20}=\dfrac{20(2\times2+19\times3)}{2}=610$ ······㉰

채점 기준	배점
㉮ $S_{n+1}-S_{n-1}=a_{n+1}+a_n$ 구하기	3점
㉯ $a_{n+1}+a_n=3$ 구하기	3점
㉰ 답 구하기	2점

23 정사각형 A_n과 함수 $y=p\sqrt{x}$ 의 그래프가 만나기 위해서는 점 $(n^2,4n^2)$과 점 $(4n^2,n^2)$ 사이를 지나야 한다.

점 $(n^2,4n^2)$을 지날 때, $4n^2=p\sqrt{n^2}$에서 $p=4n$이고,

점 $(4n^2,n^2)$을 지날 때, $n^2=p\sqrt{4n^2}$에서 $p=\dfrac{n}{2}$이므로 p의 값

의 범위는 $\dfrac{n}{2}\leq p\leq 4n$이다. ······㉮

(ⅰ) n이 홀수일 때,

$a_n=4n-\dfrac{n+1}{2}+1=\dfrac{7}{2}n+\dfrac{1}{2}$

(ⅱ) n이 짝수일 때,

$a_n=4n-\dfrac{n}{2}+1=\dfrac{7}{2}n+1$ ······㉯

$\therefore \displaystyle\sum_{n=1}^{20}a_n=\sum_{k=1}^{10}a_{2k-1}+\sum_{k=1}^{10}a_{2k}$

$=\displaystyle\sum_{k=1}^{10}\left\{\dfrac{7}{2}(2k-1)+\dfrac{1}{2}\right\}+\sum_{k=1}^{10}\left(\dfrac{7}{2}\times2k+1\right)$

$=\displaystyle\sum_{k=1}^{10}(14k-2)=14\times\dfrac{10\times11}{2}-2\times10$

$=750$ ······㉰

채점 기준	배점
㉮ p값의 범위 구하기	3점
㉯ 일반항 a_n 구하기	3점
㉰ 답 구하기	2점

20○○학년도 2학년 1학기 기말고사(8회)				
01 ②	02 ⑤	03 ⑤	04 ④	05 ②
06 ①	07 ④	08 ③	09 ①	10 ①
11 ④	12 ⑤	13 ②	14 ②	15 ①
16 ④	17 ②	18 ③	19 216	20 $\sqrt{7}$
21 3×2^{14}	22 $\dfrac{60}{31}$	23 165		

01 $a_1=2$, $a_{n+1}=3a_n+4$이므로

$a_2=3a_1+4=3\times2+4=10$

$a_3=3a_2+4=3\times10+4=34$

$a_4=3a_3+4=3\times34+4=106$

$a_5=3a_4+4=3\times106+4=322$

02 $a_1=4$, $a_{20}=61$이므로 첫째항부터 제20항까지의 합은

$\dfrac{20(4+61)}{2}=650$

03 주어진 등비수열을 $\{a_n\}$이라 하면 수열 $\{a_n\}$은 첫째항이 1, 공비가 2이므로

$a_n=2^{n-1}$

제n항이 처음으로 3000보다 커진다고 하면

$2^{n-1}>3000$ ······㉠

그런데 $2^{11}=2048$, $2^{12}=4096$이므로 ㉠에서

$n-1\geq12$ $\therefore n\geq13$

따라서 항의 값이 처음으로 3000보다 커지는 것은 제13항이다.

04 등비수열 $\{a_n\}$의 첫째항을 a, 공비를 r라 하면

$a_1+a_2=a+ar=a(1+r)=8$ ······㉠

$a_4+a_5=ar^3+ar^4=ar^3(1+r)=27$ ······㉡

㉡÷㉠을 하면

$r^3=\dfrac{27}{8}$ $\therefore r=\dfrac{3}{2}$

$r=\dfrac{3}{2}$을 ㉠에 대입하면 $a=\dfrac{16}{5}$

$\therefore 5a_3=5ar^2=5\times\dfrac{16}{5}\times\left(\dfrac{3}{2}\right)^2=36$

05 등차수열 $\{a_n\}$의 첫째항을 a, 공차를 d라 하면

$a_3a_4=(a+2d)(a+3d)$

$=a^2+5ad+6d^2$ ······㉠

$a_1a_6=a(a+5d)$

$=a^2+5ad=0$ ······㉡

$a_2a_5=(a+d)(a+4d)$

$=a^2+5ad+4d^2=32$ ······㉢

㉡을 ㉢에 대입하면 $d^2=8$ ······㉣

㉡, ㉣을 ㉠에 대입하면

$a_3a_4=0+6\times8=48$

06 서로 다른 세 실수 a, b, c가 이 순서대로 등차수열을 이루므로
$2b=a+c$ ······ ㉠
서로 다른 세 실수 b, a, c가 이 순서대로 등비수열을 이루므로
$a^2=bc$ ······ ㉡
㉡을 $abc=-64$에 대입하면
$a^3=-64$ ∴ $a=-4$
$a=-4$를 ㉠, ㉡에 각각 대입하면
$2b=-4+c$, $16=bc$
두 식을 연립하여 풀면
$8=b(b+2)$
$(b+4)(b-2)=0$
∴ $b=-4$ 또는 $b=2$
그런데 a, b, c는 서로 다른 세 실수이므로
$a=-4$, $b=2$, $c=8$
∴ $a+b+c=6$

07 $\sum_{k=1}^{n} \log_2\left(\frac{1}{k}+1\right)=\sum_{k=1}^{n}\log_2\frac{k+1}{k}=\sum_{k=1}^{n}\{\log_2(k+1)-\log_2 k\}$
$=(\log_2 2-\log_2 1)+(\log_2 3-\log_2 2)+\cdots$
$\qquad\qquad\qquad +\{\log_2(n+1)-\log_2 n\}$
$=\log_2(n+1)-\log_2 1$
$=\log_2(n+1)=6$
따라서 $n+1=2^6=64$이므로
$n=63$

08 제이 코사인법칙에 의하여
$\cos C=\frac{a^2+b^2-c^2}{2ab}=\frac{12^2+9^2-6^2}{2\times 12\times 9}=\frac{7}{8}$
$0°<\angle C<180°$이므로 $\sin C>0$
$\sin C=\sqrt{1-\cos^2 C}=\sqrt{1-\left(\frac{7}{8}\right)^2}=\frac{\sqrt{15}}{8}$
따라서 삼각형 ABC의 넓이 S는
$S=\frac{1}{2}ab\sin C=\frac{1}{2}\times 12\times 9\times\frac{\sqrt{15}}{8}$
$\quad =\frac{27\sqrt{15}}{4}$

[다른 풀이]
$s=\frac{1}{2}(12+9+6)=\frac{27}{2}$이므로 헤론의 공식에 의하여
$S=\sqrt{\frac{27}{2}\left(\frac{27}{2}-12\right)\left(\frac{27}{2}-9\right)\left(\frac{27}{2}-6\right)}=\frac{27\sqrt{15}}{4}$

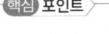

삼각형의 넓이
삼각형 ABC의 넓이 S는
$S=\frac{1}{2}ab\sin C=\frac{1}{2}bc\sin A$
$\quad =\frac{1}{2}ca\sin B$

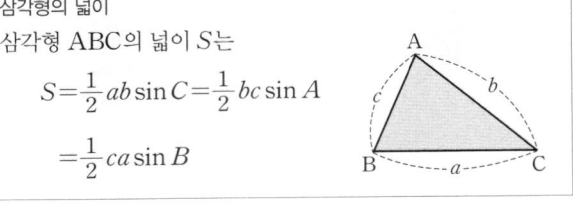

09 $A+B+C=180°$이므로 $A:B:C=1:2:3$에서
$A=k$, $B=2k$, $C=3k$ $(k>0°)$라 하면

$k+2k+3k=180°$ ∴ $k=30°$
따라서 $A=30°$, $B=60°$, $C=90°$이므로 사인법칙에 의하여
$\overline{BC}:\overline{CA}:\overline{AB}=\sin A:\sin B:\sin C$
$=\sin 30°:\sin 60°:\sin 90°$
$=\frac{1}{2}:\frac{\sqrt{3}}{2}:1$
$=1:\sqrt{3}:2$

핵심 포인트

변의 길이와 각의 크기의 관계
삼각형 ABC의 외접원의 반지름의 길이를 R라 하면
(1) $\sin A=\frac{a}{2R}$, $\sin B=\frac{b}{2R}$, $\sin C=\frac{c}{2R}$
(2) $a:b:c=\sin A:\sin B:\sin C$

10 그림과 같이 직선 $x=2$와 x축, $y=x$, $y=2x$의 교점을 각각 A, B, C라 하면
$\overline{BC}=\overline{AC}-\overline{AB}=2$
$\overline{OB}=\sqrt{2^2+2^2}=2\sqrt{2}$
$\overline{OC}=\sqrt{2^2+4^2}=2\sqrt{5}$

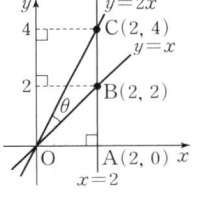

삼각형 OBC에서 제이 코사인법칙에 의하여
$\cos\theta=\frac{(2\sqrt{5})^2+(2\sqrt{2})^2-2^2}{2\times 2\sqrt{5}\times 2\sqrt{2}}=\frac{24}{8\sqrt{10}}=\frac{3}{\sqrt{10}}$
∴ $\sin^2\theta=1-\cos^2\theta$
$=1-\frac{9}{10}=\frac{1}{10}$

11 삼각형 ABC에서 $\overline{AB}=c$, $\overline{BC}=a$, $\overline{AC}=b$라 하면 사인법칙에 의하여
$\sin A=\frac{a}{2R}$, $\sin B=\frac{b}{2R}$
(단, R는 외접원의 반지름의 길이이다.)
제이 코사인법칙에 의하여
$\cos A=\frac{b^2+c^2-a^2}{2bc}$, $\cos B=\frac{c^2+a^2-b^2}{2ca}$
이것을 $\sin^2 A\cos B=\cos A\sin^2 B$에 대입하면
$\left(\frac{a}{2R}\right)^2\times\frac{c^2+a^2-b^2}{2ca}=\frac{b^2+c^2-a^2}{2bc}\times\left(\frac{b}{2R}\right)^2$
$a(a^2+c^2-b^2)=b(b^2+c^2-a^2)$
$a^3+ac^2-ab^2=b^3+bc^2-a^2b$
$a^3-b^3+ac^2-bc^2-ab^2+a^2b=0$
$(a-b)(a^2+ab+b^2)+(a-b)c^2+ab(a-b)=0$
$(a-b)(a^2+2ab+b^2+c^2)=0$
$(a-b)\{(a+b)^2+c^2\}=0$
$(a+b)^2>0$, $c^2>0$이므로 $a=b$
∴ $\overline{BC}=\overline{AC}$
따라서 삼각형 ABC는 $\overline{AC}=\overline{BC}$인 이등변삼각형이다.

12 등차수열 $\{a_n\}$의 공차가 -4이므로
$a_{n+1}-a_n=-4$
∴ $a_n-a_{n+1}=4$

즉, $a_1 - a_2 = a_3 - a_4 = a_5 - a_6 = \cdots = a_{99} - a_{100} = 4$

$\therefore (a_1 + a_3 + a_5 + \cdots + a_{99}) - (a_2 + a_4 + a_6 + \cdots + a_{100})$

$= a_1 - a_2 + a_3 - a_4 + a_5 - \cdots + a_{99} - a_{100}$

$= (a_1 - a_2) + (a_3 - a_4) + (a_5 - a_6) + \cdots + (a_{99} - a_{100})$

$= 4 + 4 + 4 + \cdots + 4$

$= 4 \times 50 = 200$

13 $x^2 - (n+1)x - (n+3) = 0$의 두 근이 α_n, β_n이므로
이차방정식의 근과 계수의 관계에 의하여

$\alpha_n + \beta_n = n+1$, $\alpha_n \beta_n = -(n+3)$

$\therefore \sum_{n=1}^{10} (\alpha_n^2 + \beta_n^2) = \sum_{n=1}^{10} \{(\alpha_n + \beta_n)^2 - 2\alpha_n \beta_n\}$

$= \sum_{n=1}^{10} \{(n+1)^2 + 2(n+3)\}$

$= \sum_{n=1}^{10} (n^2 + 4n + 7)$

$= \sum_{n=1}^{10} n^2 + 4 \sum_{n=1}^{10} n + \sum_{n=1}^{10} 7$

$= \frac{10 \times 11 \times 21}{6} + 4 \times \frac{10 \times 11}{2} + 7 \times 10$

$= 675$

14 첫째항을 a, 공비를 r, 첫째항부터 제n항까지의 합을 S_n이라
하면

$S_n = \frac{a(r^n - 1)}{r - 1} = 20$ ······㉠

$S_{2n} = \frac{a(r^{2n} - 1)}{r - 1}$

$= \frac{a(r^n - 1)(r^n + 1)}{r - 1} = 10$ ······㉡

㉡÷㉠을 하면 $r^n = -\frac{1}{2}$

$\therefore S_{3n} = \frac{a(r^{3n} - 1)}{r - 1} = \frac{a(r^n - 1)(r^{2n} + r^n + 1)}{r - 1}$

$= \frac{a(r^n - 1)}{r - 1} \times (r^{2n} + r^n + 1)$

$= 20 \left\{ \left(-\frac{1}{2}\right)^2 + \left(-\frac{1}{2}\right) + 1 \right\} = 20 \times \frac{3}{4} = 15$

15 $\sum_{k=1}^{10} 2k = 2 + 4 + 6 + \cdots + 20$

$\sum_{k=2}^{10} 2k = 4 + 6 + \cdots + 20$

$\sum_{k=3}^{10} 2k = 6 + \cdots + 20$

$\vdots$

$\sum_{k=10}^{10} 2k = 20$

$\therefore \sum_{k=1}^{10} 2k + \sum_{k=2}^{10} 2k + \sum_{k=3}^{10} 2k + \cdots + \sum_{k=10}^{10} 2k$

$= 2 + 2 \times 4 + 3 \times 6 + \cdots + 10 \times 20$

$= 2 \times 1^2 + 2 \times 2^2 + 2 \times 3^2 + \cdots + 2 \times 10^2$

$= \sum_{k=1}^{10} 2k^2 = 2 \times \frac{10 \times 11 \times 21}{6} = 770$

16 $a_1 = 7$, $a_2 = 6$, $a_{n+2} = \frac{1 + a_{n+1}}{a_n}$에서

$a_3 = \frac{1 + a_2}{a_1} = \frac{1 + 6}{7} = 1$

$a_4 = \frac{1 + a_3}{a_2} = \frac{1 + 1}{6} = \frac{1}{3}$

$a_5 = \frac{1 + a_4}{a_3} = \frac{1 + \frac{1}{3}}{1} = \frac{4}{3}$

$a_6 = \frac{1 + a_5}{a_4} = \frac{1 + \frac{4}{3}}{\frac{1}{3}} = 7$

$a_7 = \frac{1 + a_6}{a_5} = \frac{1 + 7}{\frac{4}{3}} = 6$

$\vdots$

즉, 수열 $\{a_n\}$은 7, 6, 1, $\frac{1}{3}$, $\frac{4}{3}$가 반복되는 수열이다.

$\therefore \sum_{k=1}^{60} a_k = 12(a_1 + a_2 + a_3 + a_4 + a_5)$

$= 12 \left(7 + 6 + 1 + \frac{1}{3} + \frac{4}{3} \right)$

$= 188$

17 두 수열 $\{a_n\}$, $\{b_n\}$의 첫째항부터 제n항까지의 합을 각각
S_n, T_n이라 하면

$S_n = 2n^2 + pn$, $T_n = 3n^2 - 2n$

$a_n = S_n - S_{n-1}$

$= (2n^2 + pn) - \{2(n-1)^2 + p(n-1)\}$

$= 4n + p - 2$ (단, $n \geq 2$)

$a_1 = S_1 = 2 + p$

$\therefore a_n = 4n + p - 2$

$b_n = T_n - T_{n-1}$

$= (3n^2 - 2n) - \{3(n-1)^2 - 2(n-1)\}$

$= 6n - 5$ (단, $n \geq 2$)

$b_1 = T_1 = 3 - 2 = 1$

$\therefore b_n = 6n - 5$

따라서 $a_{10} = b_{10}$에서 $38 + p = 55$이므로

$p = 17$

$\therefore a_{20} = S_{20} - S_{19}$

$= (2 \times 20^2 + 17 \times 20) - (2 \times 19^2 + 17 \times 19)$

$= 1140 - 1045 = 95$

18 $n = 1, 2, 3, \cdots$일 때, 점 P_n의 좌표를 차례로 나열하면

$(1, 1) \rightarrow (1, 2)$: 2개

$\rightarrow (2, 1) \rightarrow (2, 2) \rightarrow (2, 3) \rightarrow (2, 2^2)$: 2^2개

$\rightarrow (3, 1) \rightarrow (3, 2) \rightarrow \cdots \rightarrow (3, 2^3)$: 2^3개

$\rightarrow (4, 1) \rightarrow (4, 2) \rightarrow \cdots \rightarrow (4, 2^4)$: 2^4개

$\vdots$ $\vdots$

$\rightarrow (10, 1) \rightarrow (10, 2) \rightarrow \cdots \rightarrow (10, 2^{10})$: 2^{10}개

따라서 구하는 n의 값은

$2 + 2^2 + 2^3 + \cdots + 2^{10} = \frac{2(2^{10} - 1)}{2 - 1} = 2^{11} - 2$

19 $\displaystyle\sum_{k=2}^{10}(k+1)^2-\sum_{k=2}^{10}(k-1)^2$

$\qquad=\displaystyle\sum_{k=1}^{10}(k+1)^2-4-\sum_{k=1}^{10}(k-1)^2$

$\qquad=-4+\displaystyle\sum_{k=1}^{10}\{(k+1)^2-(k-1)^2\}$

$\qquad=-4+\displaystyle\sum_{k=1}^{10}4k$ ……㉮

$\qquad=-4+4\times\dfrac{10\times11}{2}$

$\qquad=-4+220=216$ ……㉯

채점 기준	배점
㉮ 주어진 식 정리하기	4점
㉯ 답 구하기	2점

20 삼각형 ABC에서 제이 코사인법칙에 의하여

$\qquad\overline{\text{BC}}^2=4^2+5^2-2\times4\times5\times\cos60°$

$\qquad\qquad=16+25-40\times\dfrac{1}{2}=21$

$\qquad\therefore\overline{\text{BC}}=\sqrt{21}\ (\because\overline{\text{BC}}>0)$ ……㉮

따라서 삼각형 ABC의 외접원의 반지름의 길이 R는 사인법칙에 의하여

$\qquad\dfrac{\sqrt{21}}{\sin60°}=2R$

$\qquad\therefore R=\dfrac{\sqrt{21}}{2\sin60°}=\dfrac{\sqrt{21}}{2\times\dfrac{\sqrt{3}}{2}}=\sqrt{7}$ ……㉯

채점 기준	배점
㉮ $\overline{\text{BC}}$의 값 구하기	3점
㉯ 답 구하기	3점

21 등비수열 $\{a_n\}$의 공비를 r라 하면

수열 $a_1,a_3,a_5,\cdots$은 첫째항이 3, 공비가 r^2이므로

$\qquad a_1+a_3+a_5+\cdots+a_{2k-1}=\dfrac{3\{(r^2)^k-1\}}{r^2-1}$

$\qquad\qquad\qquad\qquad\qquad=\dfrac{3(r^{2k}-1)}{r^2-1}$ ……㉠

$\qquad a_3+a_5+a_7+\cdots+a_{2k+1}=r^2(a_1+a_3+a_5+\cdots+a_{2k-1})$

$\qquad\qquad\qquad\qquad\qquad=r^2(2^{30}-1)=2^{32}-4$

$\qquad\therefore r^2=4$ ……㉮

㉠에서 $\dfrac{3(4^k-1)}{4-1}=4^k-1=2^{2k}-1=2^{30}-1$

따라서 $2k=30$이므로

$\qquad k=15$ ……㉯

$\qquad\therefore a_k=a_{15}=3\times r^{14}=3\times(r^2)^7=3\times4^7=3\times2^{14}$ ……㉰

채점 기준	배점
㉮ $r^2=4$ 구하기	2점
㉯ k의 값 구하기	2점
㉰ 답 구하기	2점

22 주어진 수열을 $\{a_n\}$이라 하면 a_n의 분자는 모두 1이고 분모는

$1,1+2,1+2+3,\cdots$

이므로 제 n항의 분모는

$\qquad1+2+3+\cdots+n=\dfrac{n(n+1)}{2}$

즉, 주어진 수열의 일반항 a_n은

$\qquad a_n=\dfrac{1}{\dfrac{n(n+1)}{2}}=\dfrac{2}{n(n+1)}=2\left(\dfrac{1}{n}-\dfrac{1}{n+1}\right)$ ……㉮

따라서 수열 $\{a_n\}$의 첫째항부터 제30항까지의 합은

$\qquad\displaystyle\sum_{k=1}^{30}a_k=2\sum_{k=1}^{30}\left(\dfrac{1}{k}-\dfrac{1}{k+1}\right)$

$\qquad\qquad=2\left\{\left(1-\dfrac{1}{2}\right)+\left(\dfrac{1}{2}-\dfrac{1}{3}\right)+\left(\dfrac{1}{3}-\dfrac{1}{4}\right)+\cdots+\left(\dfrac{1}{30}-\dfrac{1}{31}\right)\right\}$

$\qquad\qquad=2\left(1-\dfrac{1}{31}\right)$

$\qquad\qquad=\dfrac{60}{31}$ ……㉯

채점 기준	배점
㉮ $a_n=2\left(\dfrac{1}{n}-\dfrac{1}{n+1}\right)$ 구하기	4점
㉯ 답 구하기	4점

23 $a_1=1$이므로 $b_1=1$

$a_2=2$이므로 $b_2=2$

$a_{n+2}=2a_{n+1}+a_n$에서

$a_3=2a_2+a_1=5$이므로 $b_3=0$

$a_4=2a_3+a_2$의 일의 자리의 수는 2이므로 $b_4=2$

$a_5=2a_4+a_3$의 일의 자리의 수는 9이므로 $b_5=4$

$a_6=2a_5+a_4$의 일의 자리의 수는 0이므로 $b_6=0$

$a_7=2a_6+a_5$의 일의 자리의 수는 9이므로 $b_7=4$

$a_8=2a_7+a_6$의 일의 자리의 수는 8이므로 $b_8=3$

$a_9=2a_8+a_7$의 일의 자리의 수는 5이므로 $b_9=0$

$a_{10}=2a_9+a_8$의 일의 자리의 수는 8이므로 $b_{10}=3$

$a_{11}=2a_{10}+a_9$의 일의 자리의 수는 1이므로 $b_{11}=1$

$a_{12}=2a_{11}+a_{10}$의 일의 자리의 수는 0이므로 $b_{12}=0$

$a_{13}=2a_{12}+a_{11}$의 일의 자리의 수는 1이므로 $b_{13}=1$

$a_{14}=2a_{13}+a_{12}$의 일의 자리의 수는 2이므로 $b_{14}=2$

$a_{15}=2a_{14}+a_{13}$의 일의 자리의 수는 5이므로 $b_{15}=0$

$\qquad\qquad\vdots$

따라서 수열 $\{b_n\}$은 1, 2, 0, 2, 4, 0, 4, 3, 0, 3, 1, 0이

이 순서로 반복된다. ……㉮

$100=12\times8+4$이므로

$\qquad\displaystyle\sum_{n=1}^{100}b_n=\sum_{n=1}^{96}b_n+b_{97}+b_{98}+b_{99}+b_{100}$

$\qquad\qquad=8\displaystyle\sum_{n=1}^{12}b_n+b_1+b_2+b_3+b_4$

$\qquad\qquad=8(1+2+0+2+4+0+4+3+0+3+1+0)$

$\qquad\qquad\qquad\qquad\qquad\qquad\qquad+1+2+0+2$

$\qquad\qquad=165$ ……㉯

채점 기준	배점
㉮ 수열 $\{b_n\}$의 규칙 찾기	5점
㉯ 답 구하기	3점

20○○학년도 2학년 1학기 기말고사(9회)

01 ①	02 ②	03 ③	04 ⑤	05 ⑤
06 ④	07 ③	08 ①	09 ④	10 ②
11 ②	12 ③	13 ⑤	14 ③	15 ④
16 ②	17 ①	18 ④	19 90	20 95
21 191	22 $-\dfrac{1}{3}$	23 570		

01 $\log_3 a_1=0$에서 $a_1=1$

$\log_3 a_3=2$에서 $a_3=3^2=9$

이때, 등비수열 $\{a_n\}$의 공비를 r라 하면

$a_3=a_1 r^2=9$

$r^2=9$ $\therefore r=3\ (\because a_n>0)$

$\therefore \log_3 a_5=\log_3(1\times 3^4)=4$

02 등차수열 $\{a_n\}$의 공차를 d라 하면

$a_{10}-a_1=(a_1+9d)-a_1=9d=54$

$\therefore d=6$

세 항 a_2, a_k, a_8이 이 순서대로 등차수열을 이루므로

$a_k=\dfrac{a_2+a_8}{2}$

$=\dfrac{(a_1+6)+(a_1+7\times 6)}{2}$

$=a_1+24$

이때, $a_k=a_1+(k-1)\times 6$이므로

$(k-1)\times 6=24$

$\therefore k=5$

세 항 a_1, a_2, a_5가 이 순서대로 등비수열을 이루므로

$a_2{}^2=a_1 a_5$

$(a_1+6)^2=a_1(a_1+4\times 6)$

$a_1{}^2+12a_1+36=a_1{}^2+24a_1$

$12a_1=36$ $\therefore a_1=3$

$\therefore k+a_1=5+3=8$

03 $\displaystyle\sum_{k=1}^{20}(2a_k-c)^2=\sum_{k=1}^{20}(4a_k{}^2-4ca_k+c^2)$

$=4\displaystyle\sum_{k=1}^{20}a_k{}^2-4c\sum_{k=1}^{20}a_k+\sum_{k=1}^{20}c^2$

$=4\times 20-4c\times 10+c^2\times 20$

$=80-40c+20c^2=240$

따라서 $20c^2-40c-160=0$이므로

$c^2-2c-8=0$, $(c-4)(c+2)=0$

$\therefore c=4\ (\because c>0)$

04 $2a_{n+1}=a_n+a_{n+2}$이므로 수열 $\{a_n\}$은 등차수열이고

첫째항을 a, 공차를 d라 하면

$d=a_3-a_2=2-(-1)=3$

$a_2=a+d=a+3=-1$ $\therefore a=-4$

$\therefore a_n=-4+(n-1)\times 3=3n-7$

따라서 수열 $\{a_n\}$의 첫째항부터 제10항까지의 합은

$\dfrac{10(a_1+a_{10})}{2}=\dfrac{10(-4+23)}{2}=95$

05 사인법칙에 의하여

$\sin A:\sin B:\sin C=a:b:c=2:3:4$이므로

$a=2k$, $b=3k$, $c=4k\ (k>0)$로 놓으면

$\cos A=\dfrac{b^2+c^2-a^2}{2bc}$

$=\dfrac{(3k)^2+(4k)^2-(2k)^2}{2\times 3k\times 4k}$

$=\dfrac{9k^2+16k^2-4k^2}{24k^2}=\dfrac{21k^2}{24k^2}$

$=\dfrac{7}{8}$

06 삼각형 ABD의 넓이는

$\dfrac{1}{2}\times\overline{AB}\times\overline{BD}\times\sin 30°=\dfrac{1}{2}\times 3\times 4\times\dfrac{1}{2}=3$

삼각형 BCD에서

$\cos C=\dfrac{5^2+3^2-4^2}{2\times 5\times 3}=\dfrac{18}{30}=\dfrac{3}{5}$

$0°<\angle C<180°$이므로 $\sin C>0$

$\sin C=\sqrt{1-\cos^2 C}$

$=\sqrt{1-\left(\dfrac{3}{5}\right)^2}$

$=\dfrac{4}{5}$

즉, 삼각형 BCD의 넓이는

$\dfrac{1}{2}\times\overline{BC}\times\overline{CD}\times\sin C=\dfrac{1}{2}\times 5\times 3\times\dfrac{4}{5}=6$

$\therefore \square ABCD=\triangle ABD+\triangle BCD$

$=3+6$

$=9$

[다른 풀이]

$\square ABCD=\triangle ABD+\triangle BCD$

$=\dfrac{1}{2}\times 3\times 4\times\sin 30°+\sqrt{6(6-5)(6-4)(6-3)}$

$=\dfrac{1}{2}\times 3\times 4\times\dfrac{1}{2}+\sqrt{6\times 1\times 2\times 3}$

$=3+6$

$=9$

핵심 포인트

헤론의 공식

삼각형의 세 변의 길이를 알 때, 그 넓이 S는

$$S=\sqrt{s(s-a)(s-b)(s-c)}\ \left(\text{단, } s=\dfrac{1}{2}(a+b+c)\right)$$

07 $\overline{AD}=x$라 하면 $\triangle ABC=\triangle ABD+\triangle ADC$이므로

$\dfrac{1}{2}\times 10\times 15\times\sin 60°=\dfrac{1}{2}\times 10x\times\sin 30°+\dfrac{1}{2}\times 15x\times\sin 30°$

$\dfrac{75\sqrt{3}}{2}=\dfrac{5}{2}x+\dfrac{15}{4}x$, $\dfrac{75\sqrt{3}}{2}=\dfrac{25}{4}x$

$\therefore x=6\sqrt{3}$

08 수열 $\{a_n\}$은 첫째항이 4, 공비가 3인 등비수열이므로
$$a_n = 4 \times 3^{n-1}$$
$$\log_2 a_n = \log_2 (4 \times 3^{n-1}) = \log_2 2^2 + \log_2 3^{n-1}$$
$$= 2 + (n-1)\log_2 3$$
따라서 수열 $\log_2 a_1,\ \log_2 a_2,\ \log_2 a_3,\ \cdots,\ \log_2 a_n$은 첫째항이 2, 공차가 $\log_2 3$인 등차수열이다.

09 $\triangle ABC$에서 사인법칙에 의하여

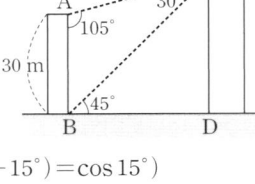

$$\frac{\overline{BC}}{\sin 105°} = \frac{30}{\sin 30°}$$
$$\therefore \overline{BC} = \frac{30\sin 105°}{\sin 30°}$$
$$= 60\cos 15°$$
$$(\because \sin 105° = \sin(90° + 15°) = \cos 15°)$$
$$= 60 \times \frac{\sqrt{6}+\sqrt{2}}{4}$$
$$= 15(\sqrt{6}+\sqrt{2})$$

$\triangle CBD$에서
$$\overline{CD} = \overline{BC}\sin 45° = 15(\sqrt{6}+\sqrt{2}) \times \frac{1}{\sqrt{2}}$$
$$= 15(\sqrt{3}+1)\ (m)$$

> **핵심 포인트**
>
> (1) $\sin\left(\dfrac{\pi}{2}+\theta\right) = \cos\theta$, $\sin\left(\dfrac{\pi}{2}-\theta\right) = \cos\theta$
>
> (2) $\cos\left(\dfrac{\pi}{2}+\theta\right) = -\sin\theta$, $\cos\left(\dfrac{\pi}{2}-\theta\right) = \sin\theta$
>
> (3) $\tan\left(\dfrac{\pi}{2}+\theta\right) = -\dfrac{1}{\tan\theta}$, $\tan\left(\dfrac{\pi}{2}-\theta\right) = \dfrac{1}{\tan\theta}$

10 $S_n = n(n+3) = n^2 + 3n$에서

(i) $n \geq 2$일 때,
$$a_n = S_n - S_{n-1}$$
$$= (n^2 + 3n) - \{(n-1)^2 + 3(n-1)\}$$
$$= 2n + 2$$

(ii) $n = 1$일 때,
$$a_1 = S_1 = 1^2 + 3 \times 1 = 4$$
$a_1 = 4$는 $a_n = 2n + 2$에 $n=1$을 대입한 것과 같으므로
$$a_n = 2n + 2$$
$$\therefore a_{2n-1} = 2(2n-1) + 2 = 4n$$
$$a_1 + a_3 + a_5 + \cdots + a_{2n-1} = \frac{n(4+4n)}{2} = 2n^2 + 2n$$
$2n^2 + 2n = 180$에서 $n^2 + n - 90 = 0$
$$(n+10)(n-9) = 0$$
$$\therefore n = 9\ (\because n \geq 1)$$

11 $a_{n+1} = \begin{cases} \dfrac{1}{2}a_n & (a_n \geq 2) \\ \sqrt[3]{2}\,a_n & (a_n < 2) \end{cases}$ 에서

$$a_1 = 1 < 2$$
$$a_2 = \sqrt[3]{2}\,a_1 = \sqrt[3]{2} < 2$$
$$a_3 = \sqrt[3]{2}\,a_2 = \sqrt[3]{2} \times \sqrt[3]{2} = 2^{\frac{2}{3}} < 2$$
$$a_4 = \sqrt[3]{2}\,a_3 = \sqrt[3]{2} \times \sqrt[3]{4} = 2$$

$$a_5 = \frac{1}{2}a_4 = \frac{1}{2} \times 2 = 1 < 2$$
$$\vdots$$
즉, 수열 $\{a_n\}$은 $1,\ \sqrt[3]{2},\ \sqrt[3]{4},\ 2$가 반복되는 수열이다.
$$\therefore a_{110} = a_{4 \times 27 + 2} = a_2 = \sqrt[3]{2}$$

12 등차수열 $\{a_n\}$의 첫째항을 a라 하면
$|a_2 - 3| = |a_4 - 7|$에서
$$|(a+4) - 3| = |(a + 3 \times 4) - 7|$$
$$|a+1| = |a+5|$$
즉, $a + 1 = -(a + 5)$이므로
$$2a = -6 \quad \therefore a = -3$$
$$\therefore a_6 = a + 5 \times 4 = -3 + 20 = 17$$

13 $\displaystyle\sum_{k=1}^{n} a_{2k-1} = 3n(n+1)$이므로
$n = 1$일 때,
$$a_1 = 3 \times 2 = 6$$
$n = 2$일 때,
$$\sum_{k=1}^{2} a_{2k-1} = a_1 + a_3 = 6 \times 3 = 18$$
$$\therefore a_3 = 18 - a_1 = 18 - 6 = 12$$
등차수열 $\{a_n\}$의 공차를 d라 하면 $a_3 = a_1 + 2d$이므로
$$12 = 6 + 2d \quad \therefore d = 3$$
$$\therefore a_8 = a_1 + 7d$$
$$= 6 + 7 \times 3 = 27$$

14 등차수열 $\{a_n\}$의 공차를 d라 하면
$$b_{2k-1} = \left(\frac{1}{2}\right)^{a_1 + a_3 + a_5 + \cdots + a_{2k-1}},\ b_{2k} = 2^{a_2 + a_4 + a_6 + \cdots + a_{2k}}$$에서
$$b_1 \times b_2 = 2^{-a_1 + a_2} = 2^d$$
$$b_3 \times b_4 = 2^{-a_1 - a_3 + a_2 + a_4} = 2^{2d}$$
$$\vdots$$
$$b_9 \times b_{10} = 2^{5d}$$
$$\therefore b_1 \times b_2 \times b_3 \times \cdots \times b_{10} = 2^{d + 2d + \cdots + 5d} = 2^{15d} = 8$$
따라서 $15d = 3$이므로 $d = \dfrac{1}{5}$

15 수열 $\{a_n\}$의 공차를 d라 하면
수열 $a_1,\ a_3,\ a_5,\ \cdots,\ a_{19}$의 공차는 $2d$이므로
$$S = \frac{10(2a_1 + 9 \times 2d)}{2}$$
$$= 10(a_1 + 9d)$$
수열 $a_2,\ a_4,\ a_6,\ \cdots,\ a_{20}$의 공차도 $2d$이므로
$$T = \frac{10(2a_2 + 9 \times 2d)}{2}$$
$$= 10(a_2 + 9d)$$
$T - S = 50$에서
$$10(a_2 + 9d) - 10(a_1 + 9d) = 50$$
$$a_2 - a_1 = 5$$
$$\therefore d = a_2 - a_1 = 5$$
$a_{20} = a_1 + 19d = 99$이므로

$a_1 + 19 \times 5 = 99$

$\therefore a_1 = 4$

$\therefore a_{30} = a_1 + 29d = 149$

16 삼차방정식 $x^3 + 1 = 0$, 즉 $(x+1)(x^2-x+1)=0$의 한 허근이

ω이므로

$\omega^3 + 1 = 0$, $\omega^2 - \omega + 1 = 0$, $\omega = \dfrac{1 \pm \sqrt{3}\,i}{2}$

$\therefore \omega^3 = -1$, $\omega^2 = \omega - 1$, $\omega = \dfrac{1}{2} \pm \dfrac{\sqrt{3}}{2}i$

$f(n)$은 ω^n (n은 자연수)의 실수 부분이므로 $f(n)$의 값을 차례로 구하면 다음과 같다.

$\omega = \dfrac{1}{2} \pm \dfrac{\sqrt{3}}{2}i$에서 $f(1) = \dfrac{1}{2}$

$\omega^2 = \omega - 1 = -\dfrac{1}{2} \pm \dfrac{\sqrt{3}}{2}i$에서 $f(2) = -\dfrac{1}{2}$

$\omega^3 = -1$에서 $f(3) = -1$

$\omega^4 = \omega^3\omega = -\omega$에서 $f(4) = -f(1) = -\dfrac{1}{2}$

$\omega^5 = \omega^3\omega^2 = -\omega^2$에서 $f(5) = -f(2) = \dfrac{1}{2}$

$\omega^6 = (\omega^3)^2 = 1$에서 $f(6) = 1$

$\omega^7 = (\omega^3)^2\omega = \omega$에서 $f(7) = f(1) = \dfrac{1}{2}$

$\vdots$

따라서 $f(n)$의 값은 $\dfrac{1}{2}, -\dfrac{1}{2}, -1, -\dfrac{1}{2}, \dfrac{1}{2}, 1$이 반복되므로

$f(1) + f(2) + \cdots + f(6) = \dfrac{1}{2} - \dfrac{1}{2} - 1 - \dfrac{1}{2} + \dfrac{1}{2} + 1 = 0$

$\therefore \displaystyle\sum_{k=1}^{999} f(k) = \sum_{k=1}^{996} f(k) + f(997) + f(998) + f(999)$

$\qquad = 166\displaystyle\sum_{k=1}^{6} f(k) + f(1) + f(2) + f(3)$

$\qquad = 166 \times 0 + \dfrac{1}{2} - \dfrac{1}{2} - 1 = -1$

$\therefore \displaystyle\sum_{k=1}^{999}\left(f(k) + \dfrac{1}{3}\right) = \sum_{k=1}^{999} f(k) + \sum_{k=1}^{999} \dfrac{1}{3}$

$\qquad\qquad = -1 + \dfrac{1}{3} \times 999$

$\qquad\qquad = 332$

17 $S = 19 \times 2^{10} - 17 \times 2^9 + 15 \times 2^8 - \cdots - 1 \times 2$에서

$2S = 19 \times 2^{11} - 17 \times 2^{10} + 15 \times 2^9 - \cdots - 1 \times 2^2$

$+\ )\ \ S = \qquad\qquad 19 \times 2^{10} - 17 \times 2^9 + \cdots + 3 \times 2^2 - 1 \times 2$

$\overline{3S = 19 \times 2^{11} + 2 \times 2^{10} - 2 \times 2^9 + \cdots + 2 \times 2^2 - 1 \times 2}$

$\qquad = 19 \times 2^{11} + 2^{11} - 2^{10} + \cdots + 2^3 - 2$

$\qquad = 19 \times 2^{11} + \dfrac{2^3\{(-2)^9 - 1\}}{-2 - 1} - 2$

$\qquad = 19 \times 2^{11} + \dfrac{1}{3}(2^{12} + 2^3) - 2$

$\qquad = \dfrac{59}{3} \times 2^{11} + \dfrac{2}{3}$

따라서 $S = \dfrac{59}{9} \times 2^{11} + \dfrac{2}{9}$이므로

$9S = 59 \times 2^{11} + 2$

18 조건 ㈎에서 등비수열 $\{a_n\}$의 공비를 r라 하면

$a_1 + a_2 = a_1 + a_1 r = a_1(1 + r) = 288$ $\qquad$ ……㉠

$a_4 + a_5 = a_1 r^3 + a_1 r^4 = a_1 r^3(1 + r) = 36$ $\qquad$ ……㉡

㉡$\div$㉠을 하면 $r^3 = \dfrac{1}{8}$이므로

$r = \dfrac{1}{2}$, $a_1 = 192$

$\therefore a_n = 192\left(\dfrac{1}{2}\right)^{n-1}$

조건 ㈏에서 등차수열 $\{b_n\}$의 공차를 d라 하면

$b_2 + b_3 = (b_1 + d) + (b_1 + 2d) = 2b_1 + 3d = 132$ $\qquad$ ……㉢

$b_7 + b_8 = (b_1 + 6d) + (b_1 + 7d) = 2b_1 + 13d = 12$ $\qquad$ ……㉣

㉢, ㉣을 연립하여 풀면

$b_1 = 84$, $d = -12$

$\therefore b_n = -12n + 96$

자연수 n에 대하여 두 수열 $\{a_n\}$, $\{b_n\}$의 값의 변화를 살펴보면 다음과 같다.

n	1	2	3	4	5	6	7	8	$\cdots$
a_n	192	96	48	24	12	6	3	$\dfrac{3}{2}$	$\cdots$
b_n	84	72	60	48	36	24	12	0	$\cdots$

따라서 부등식 $a_n < b_n$이 성립하도록 하는 모든 자연수 n의 값의 합은

$3 + 4 + 5 + 6 + 7 = 25$

19 등차수열 $\{a_n\}$의 첫째항을 a, 공차를 d라 하면

$a_3 = a + 2d = 21$ $\qquad$ ……㉠

$a_5 = a + 4d = 43$ $\qquad$ ……㉡

㉠, ㉡을 연립하여 풀면

$a = -1$, $d = 11$ $\qquad$ ……㉮

$\therefore a_n = -1 + (n-1) \times 11 = 11n - 12$

$a_k = 11k - 12 = 978$에서

$11k = 990$

$\therefore k = 90$ $\qquad$ ……㉯

채점 기준	배점
㉮ $a = -1$, $d = 11$ 구하기	3점
㉯ 답 구하기	3점

20 $a_1, a_2, a_3, \cdots, a_n$ 중에서 1의 개수를 x, 2의 개수를 y라 하면

$\displaystyle\sum_{k=1}^{n} a_k = x + 2y = 35$ $\qquad$ ……㉠

$\displaystyle\sum_{k=1}^{n} a_k^2 = x + 4y = 55$ $\qquad$ ……㉡

㉠, ㉡을 연립하여 풀면 $x = 15$, $y = 10$ $\qquad$ ……㉮

$\therefore \displaystyle\sum_{k=1}^{n} a_k^3 = x + 8y = 15 + 80 = 95$ $\qquad$ ……㉯

채점 기준	배점
㉮ $x = 15$, $y = 10$ 구하기	3점
㉯ 답 구하기	3점

21 $a_n + a_{n+1} = n^2 + 5$이므로 수열 $\{a_n\}$의 첫째항부터 제n항까지의 합을 S_n이라 하면

$S_{20}=a_1+a_2+a_3+a_4+\cdots+a_{19}+a_{20}$

$=(a_1+a_2)+(a_3+a_4)+\cdots+(a_{19}+a_{20})$

$=(1^2+5)+(3^2+5)+\cdots+(19^2+5)$

$=\sum_{k=1}^{10}\{(2k-1)^2+5\}$

$=\sum_{k=1}^{10}(4k^2-4k+6)$

$=4\times\dfrac{10\times11\times21}{6}-4\times\dfrac{10\times11}{2}+6\times10$

$=1540-220+60=1380$ ······㉮

$S_{19}=a_1+a_2+a_3+a_4+a_5+\cdots+a_{18}+a_{19}$

$=a_1+(a_2+a_3)+(a_4+a_5)+\cdots+(a_{18}+a_{19})$

$=a_1+(2^2+5)+(4^2+5)+\cdots+(18^2+5)$

$=4+\sum_{k=1}^{9}\{(2k)^2+5\}$

$=4+\sum_{k=1}^{9}(4k^2+5)$

$=4+4\times\dfrac{9\times10\times19}{6}+5\times9$

$=4+1140+45=1189$ ······㉯

$\therefore a_{20}=S_{20}-S_{19}=1380-1189=191$ ······㉰

채점 기준	배점
㉮ S_{20} 구하기	2점
㉯ S_{19} 구하기	2점
㉰ 답 구하기	2점

22 $\overline{BP}=\overline{DP}=x$로 놓으면 코사인법칙에서

$\overline{BD}^2=\overline{BP}^2+\overline{DP}^2-2\times\overline{BP}\times\overline{DP}\times\cos\theta$

$\overline{BD}=\sqrt{2}$이므로

$2=x^2+x^2-2x^2\cos\theta$ ······㉮

$2x^2(1-\cos\theta)=2,\ 1-\cos\theta=\dfrac{1}{x^2}$

$\therefore \cos\theta=1-\dfrac{1}{x^2}$

$\dfrac{\sqrt{3}}{2}\le\overline{BP}\le1$, 즉 $\dfrac{\sqrt{3}}{2}\le x\le1$이므로

$\dfrac{3}{4}\le x^2\le1,\ 1\le\dfrac{1}{x^2}\le\dfrac{4}{3}$ ······㉯

$\therefore -\dfrac{1}{3}\le\cos\theta\le0$

따라서 $\cos\theta$의 최솟값은 $-\dfrac{1}{3}$이다. ······㉰

채점 기준	배점
㉮ 코사인법칙 이용하여 $2=x^2+x^2-2x^2\cos\theta$ 구하기	3점
㉯ $1\le\dfrac{1}{x^2}\le\dfrac{4}{3}$ 구하기	3점
㉰ 답 구하기	2점

23 $a_n=k$ (k는 자연수)라 하면

$k-\dfrac{1}{2}<\sqrt{n}<k+\dfrac{1}{2}$

$k^2-k+\dfrac{1}{4}<n<k^2+k+\dfrac{1}{4}$ ······㉮

그런데 n은 자연수이므로 $a_n=k$를 만족하는 n은 k^2-k+1부터

k^2+k까지 모두 $2k$개이다. 즉,

$k=1$일 때, $a_1=a_2=1$

$k=2$일 때, $a_3=a_4=a_5=a_6=2$

$k=3$일 때, $a_7=a_8=a_9=a_{10}=a_{11}=a_{12}=3$

$\vdots$

$k=9$일 때, $a_{73}=a_{74}=\cdots=a_{90}=9$ ······㉯

$\therefore \sum_{n=1}^{90}a_n=1\times2+2\times4+3\times6+\cdots+9\times18$

$=\sum_{k=1}^{9}k\times2k=2\sum_{k=1}^{9}k^2$

$=2\times\dfrac{9\times10\times19}{6}=570$ ······㉰

채점 기준	배점
㉮ n의 범위 구하기	3점
㉯ $a_1, a_2, a_3, \cdots, a_{90}$의 값 구하기	3점
㉰ 답 구하기	2점

01 $a_{n+1}^2 = a_n a_{n+2}$에서 수열 $\{a_n\}$은 등비수열이므로 첫째항을 a, 공비를 r라 하면

$a_2 = ar = 2$ ……㉠

$a_5 = ar^4 = 16$ ……㉡

㉡÷㉠을 하면 $r^3 = 8$ ∴ $r = 2$

$r = 2$를 ㉠에 대입하면 $a = 1$

∴ $a_{10} = ar^9 = 1 \times 2^9 = 512$

02 $\log x$, $\log y$, $\log z$가 이 순서대로 등차수열을 이루므로

$2\log y = \log x + \log z = \log xz$

즉, $\log y^2 = \log xz$이므로

$y^2 = xz$

03 등비수열 $\{a_n\}$의 공비를 r라 하면

$\dfrac{a_4 a_5}{a_2 a_3} = \dfrac{(2r^3)(2r^4)}{(2r)(2r^2)} = r^4 = 16$

$r^4 = 16$에서 $(r+2)(r-2)(r^2+4) = 0$

∴ $r = 2\,(∵ r > 0)$

∴ $a_6 = 2 \times 2^5 = 64$

04 $\sum\limits_{k=1}^{n}(k^2-1) - \sum\limits_{k=1}^{n-1}(k^2+4)$

$= \left(\sum\limits_{k=1}^{n}k^2 - \sum\limits_{k=1}^{n}1\right) - \left(\sum\limits_{k=1}^{n-1}k^2 + \sum\limits_{k=1}^{n-1}4\right)$

$= \left(\sum\limits_{k=1}^{n}k^2 - \sum\limits_{k=1}^{n-1}k^2\right) - n - 4(n-1)$

$= \left(\sum\limits_{k=1}^{n-1}k^2 + n^2 - \sum\limits_{k=1}^{n-1}k^2\right) - n - 4n + 4$

$= n^2 - 5n + 4 = 54$

$n^2 - 5n - 50 = 0$, $(n+5)(n-10) = 0$

∴ $n = 10\ (∵ n$은 자연수$)$

05 $a_n + a_{n+1} = n+2$의 n 대신에 1, 3, 5, 7, 9를 대입하여 변끼리 더하면

$a_1 + a_2 = 3$

$a_3 + a_4 = 5$

$a_5 + a_6 = 7$

$a_7 + a_8 = 9$

$+\ )\ a_9 + a_{10} = 11$

$\overline{\quad a_1 + a_2 + a_3 + \cdots + a_{10} = 3+5+7+9+11 \quad}$

∴ $\sum\limits_{k=1}^{10} a_k = 3+5+7+9+11 = 35$

06 $\overline{BE} = \sqrt{3^2 + 1^2} = \sqrt{10}$

$\overline{BF} = \sqrt{3^2 + 1^2} = \sqrt{10}$

$\overline{EF} = \sqrt{2^2 + 2^2} = 2\sqrt{2}$

$\angle BEF = \theta$이므로 제이 코사인법칙에 의하여

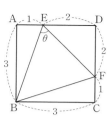

$\cos\theta = \dfrac{(\sqrt{10})^2 + (2\sqrt{2})^2 - (\sqrt{10})^2}{2 \times \sqrt{10} \times 2\sqrt{2}}$

$= \dfrac{1}{\sqrt{5}} = \dfrac{\sqrt{5}}{5}$

07 $\triangle APQ = \dfrac{1}{2} \times \overline{AP} \times \overline{AQ} \times \sin A$

$= \dfrac{1}{2} \times \dfrac{2}{3}\overline{AB} \times \dfrac{1}{3}\overline{AC} \times \sin A$

$= \dfrac{1}{9} \times \overline{AB} \times \overline{AC} \times \sin A$

$= \dfrac{2}{9} \times \dfrac{1}{2} \times \overline{AB} \times \overline{AC} \times \sin A$

$= \dfrac{2}{9} \times \triangle ABC$

$= \dfrac{2}{9} \times 18 = 4$

08 $\triangle ABC$의 외접원의 반지름의 길이를 R라 하면 사인법칙에 의하여

$\sin A = \dfrac{a}{2R}$, $\sin B = \dfrac{b}{2R}$, $\sin C = \dfrac{c}{2R}$

이므로 $\sin^2 C = \sin^2 A + \sin^2 B$에서

$\left(\dfrac{c}{2R}\right)^2 = \left(\dfrac{a}{2R}\right)^2 + \left(\dfrac{b}{2R}\right)^2$

∴ $c^2 = a^2 + b^2$

따라서 $\triangle ABC$는 $C = 90°$인 직각삼각형이다.

> **핵심 포인트**
>
> **삼각형의 모양**
> 사인법칙을 이용하면 변의 길이와 사인값으로 나타낸 식의 삼각형의 모양을 알 수 있다.
> (1) $a\sin A = b\sin B = c\sin C$
>   ➡ 정삼각형
> (2) $a\sin A = b\sin B + c\sin C$
>   ➡ $\angle A = 90°$인 직각삼각형
> (3) $\sin^2 A = \sin^2 B + \sin^2 C$
>   ➡ $\angle A = 90°$인 직각삼각형

09 $\square ABCD$가 원에 내접하므로 $A + C = \pi$

$\triangle ABD$에서 제이 코사인법칙에 의하여

$\overline{BD}^2 = 1^2 + 2^2 - 2 \times 1 \times 2\cos A$

$= 5 - 4\cos A$ ……㉠

또, $\triangle BCD$에서 제이 코사인법칙에 의하여

$\overline{BD}^2 = 2^2 + 3^2 - 2 \times 2 \times 3\cos C$

$= 13 - 12\cos(\pi - A)$

$= 13 + 12\cos A$ ……㉡

㉠=㉡에서

$5 - 4\cos A = 13 + 12\cos A$

$$\therefore \cos A = -\frac{1}{2}$$

$\cos A = -\frac{1}{2}$ 을 ㉠에 대입하면

$$\overline{BD}^2 = 5 - 4 \times \left(-\frac{1}{2}\right) = 7$$

$$\therefore \overline{BD} = \sqrt{7} \ (\because \overline{BD} > 0)$$

10 $a_n = S_n - S_{n-1}$
$\qquad = (3n^2 - 2n) - \{3(n-1)^2 - 2(n-1)\}$
$\qquad = 6n - 5 \ (단, n \geq 2)$

$n = 1$일 때, $a_1 = S_1 = 3 \times 1^2 - 2 \times 1 = 1$

$a_1 = 1$은 $a_n = 6n - 5$에 $n = 1$을 대입한 것과 같으므로

$a_n = 6n - 5$

$$\therefore a_{50} = 6 \times 50 - 5 = 295$$

[다른 풀이]

$a_{50} = S_{50} - S_{49}$
$\qquad = 3 \times 50^2 - 2 \times 50 - (3 \times 49^2 - 2 \times 49)$
$\qquad = 3(50^2 - 49^2) - 2(50 - 49)$
$\qquad = 3(50 - 49)(50 + 49) - 2$
$\qquad = 297 - 2 = 295$

11 $\displaystyle\sum_{k=1}^{n} \log_4 \frac{\sqrt{k+1}}{\sqrt{k}}$

$= \displaystyle\sum_{k=1}^{n} (\log_4 \sqrt{k+1} - \log_4 \sqrt{k})$

$= (\log_4 \sqrt{2} - \log_4 \sqrt{1}) + (\log_4 \sqrt{3} - \log_4 \sqrt{2}) + \cdots$
$\qquad\qquad\qquad + (\log_4 \sqrt{n+1} - \log_4 \sqrt{n})$

$= \log_4 \sqrt{n+1} - \log_4 1$

$= \log_4 \sqrt{n+1} = 2$

$\sqrt{n+1} = 4^2 = 16$이므로

$n + 1 = 16^2 \qquad \therefore n = 255$

12 $a_1 = 19$, $a_6 - a_5 = -2$인 등차수열의 일반항 a_n은

$a_n = 19 + (n-1) \times (-2) = -2n + 21$

$-2n + 21 < 0$에서 $n > 10.5$

따라서 $a_1, a_2, \cdots, a_{10}$은 양수이고, a_{11}부터는 음수이므로

$|a_1| + |a_2| + \cdots + |a_{10}| = a_1 + a_2 + \cdots + a_{10}$
$\qquad\qquad\qquad\qquad = 19 + 17 + \cdots + 1$
$\qquad\qquad\qquad\qquad = \dfrac{10(19+1)}{2} = 100$

$|a_{11}| + |a_{12}| + \cdots + |a_{18}| = -(a_{11} + a_{12} + \cdots + a_{18})$
$\qquad\qquad\qquad\qquad = 1 + 3 + 5 + \cdots + 15$
$\qquad\qquad\qquad\qquad = \dfrac{8(1+15)}{2} = 64$

$\therefore |a_1| + |a_2| + |a_3| + \cdots + |a_{18}| = 100 + 64 = 164$

13 $\displaystyle\sum_{j=1}^{i} ij = i \times \sum_{j=1}^{i} j = i \times \frac{i(i+1)}{2} = \frac{1}{2}(i^3 + i^2)$

$\therefore \displaystyle\sum_{i=1}^{4} \left(\sum_{j=1}^{i} ij \right) = \frac{1}{2} \sum_{i=1}^{4} (i^3 + i^2) = \frac{1}{2} \left\{ \left(\frac{4 \times 5}{2} \right)^2 + \frac{4 \times 5 \times 9}{6} \right\}$
$\qquad\qquad\qquad = 65$

14 $S_1 = 1$, $S_{n+1} = 2S_n + 3$에서

$S_2 = 2S_1 + 3 = 2 \times 1 + 3 = 5 = 2^3 - 3$

$S_3 = 2S_2 + 3 = 2 \times 5 + 3 = 13 = 2^4 - 3$

$S_4 = 2S_3 + 3 = 2 \times 13 + 3 = 29 = 2^5 - 3$

$\qquad \vdots$

$S_n = 2^{n+1} - 3$

$\therefore a_{12} = S_{12} - S_{11} = (2^{13} - 3) - (2^{12} - 3) = 2^{12}$

[다른 풀이]

$S_{n+1} = 2S_n + 3$에서

$S_{n+1} - k = 2(S_n - k)$, $S_{n+1} = 2S_n - k$

즉, $k = -3$이므로 $S_{n+1} + 3 = 2(S_n + 3)$

따라서 수열 $\{S_n + 3\}$은 첫째항이 $S_1 + 3 = 4$, 공비가 2인 등비수열이므로

$S_n + 3 = 2^2 \times 2^{n-1} = 2^{n+1}$ $\qquad \therefore S_n = 2^{n+1} - 3$

이때, $a_n = S_n - S_{n-1} \ (n \geq 2)$이므로

$a_n = 2^{n+1} - 3 - (2^n - 3) = 2^n$

$\therefore a_{12} = 2^{12}$

15 세 수 x, y, z는 이 순서대로 공비가 r인 등비수열을 이루므로

$y = xr$, $z = xr^2$

$x + y + z = x + xr + xr^2$
$\qquad\qquad = x(1 + r + r^2) = 2 \qquad \cdots\cdots ㉠$

$x^2 + y^2 + z^2 = x^2 + x^2r^2 + x^2r^4$
$\qquad\qquad\quad = x^2(1 + r^2 + r^4)$
$\qquad\qquad\quad = x^2(1 + r + r^2)(1 - r + r^2) = 8 \qquad \cdots\cdots ㉡$

㉡÷㉠을 하면 $x(1 - r + r^2) = 4 \qquad \cdots\cdots ㉢$

㉢÷㉠을 하면 $\dfrac{1 - r + r^2}{1 + r + r^2} = 2$

$2r^2 + 2r + 2 = r^2 - r + 1$, $r^2 + 3r + 1 = 0$

따라서 근과 계수의 관계에 의하여 공비 r의 값의 합은 -3이다.

16 등차수열 $\{a_n\}$의 첫째항부터 제n항까지의 합 S_n은

$pn^2 + qn = n(pn + q)$ $(p, q$는 상수$)$ 꼴이므로

$S_n : S_n' = (2n+1) : (3n-2)$에서 0이 아닌 상수 k에 대하여

$S_n = kn(2n+1)$, $S_n' = kn(3n-2)$로 놓으면

$a_4 = S_4 - S_3$
$\quad = 4k \times 9 - 3k \times 7 = 15k$

$b_4 = S_4' - S_3'$
$\quad = 4k \times 10 - 3k \times 7 = 19k$

$\therefore a_4 : b_4 = 15k : 19k = 15 : 19$

핵심 포인트

등차수열 $\{a_n\}$의 첫째항을 a, 공차를 d라 하면 첫째항부터 제n항까지의 합 S_n은

$$S_n = \frac{n\{2a + (n-1)d\}}{2}$$

$$= \frac{d}{2}n^2 + \frac{2a-d}{2}n$$

$$= pn^2 + qn \ \left(단, \frac{d}{2} = p, \frac{2a-d}{2} = q\right)$$

이므로 n에 대한 이차식이며 상수항은 없다.

17 매월 초에 적립하는 금액을 a원이라 하고, 월이율 1%의 복리로 5년간 적립하므로 기간은 $12 \times 5 = 60$이다.

이때, 5년 동안 적립하여 2000만 원을 만들어야 하므로

$a(1+0.01) + a(1+0.01)^2 + \cdots + a(1+0.01)^{60} = 20000000$

$\dfrac{a(1+0.01)\{(1+0.01)^{60}-1\}}{(1+0.01)-1} = 20000000$

$\dfrac{a \times 1.01(1.8-1)}{0.01} = 20000000$

$80.8a = 20000000$

$\therefore a = 247524.\times\times\times$

따라서 매달 적립해야 할 금액은 25만 원이다.

18 제1군부터 제4군까지의 항의 개수가 10이므로 제5군은
$(a_{11}, a_{12}, \cdots, a_{15})$
따라서 제5군의 합은 $S_{15} - S_{10}$이므로

$S_{15} - S_{10} = (3 \times 2^{14} + 17) - (3 \times 2^9 + 17)$
$= 3 \times 2^9(2^5 - 1)$
$= 93 \times 2^9$

19 등차수열 $\{a_n\}$의 첫째항을 a, 공차를 d라 하면

$a_4 = 14$에서 $a + 3d = 14$ $\cdots\cdots$ ㉠

$a_6 : a_{10} = 5 : 8$에서

$(a+5d) : (a+9d) = 5 : 8$

$8a + 40d = 5a + 45d$

$\therefore 3a - 5d = 0$ $\cdots\cdots$ ㉡ $\cdots\cdots$ ㉮

㉠, ㉡을 연립하여 풀면

$a = 5$, $d = 3$

$\therefore a_{14} = 5 + 13 \times 3 = 44$ $\cdots\cdots$ ㉯

채점 기준	배점
㉮ $3a-5d=0$의 식 세우기	3점
㉯ 답 구하기	3점

20 수열 $\{a_n\}$은 첫째항이 $\dfrac{1}{2}$, 공비가 $\dfrac{1}{2}$인 등비수열이므로

$a_n = \dfrac{1}{2} \times \left(\dfrac{1}{2}\right)^{n-1} = \left(\dfrac{1}{2}\right)^n$

$\therefore b_n = a_{2n}^2 = \left\{\left(\dfrac{1}{2}\right)^{2n}\right\}^2 = \left\{\left(\dfrac{1}{2}\right)^4\right\}^n$

$= \left(\dfrac{1}{16}\right)^n = \dfrac{1}{16} \times \left(\dfrac{1}{16}\right)^{n-1}$ $\cdots\cdots$ ㉮

즉, 수열 $\{b_n\}$은 첫째항이 $\dfrac{1}{16}$, 공비가 $\dfrac{1}{16}$인 등비수열이므로

$\dfrac{b}{r} = \dfrac{\frac{1}{16}}{\frac{1}{16}} = 1$ $\cdots\cdots$ ㉯

채점 기준	배점
㉮ 수열 $\{b_n\}$의 일반항 구하기	3점
㉯ 답 구하기	3점

21 $\overline{AB} = c$, $\overline{BC} = a$, $\overline{AC} = b$라 하고

삼각형 ABC에 사인법칙과 코사인법칙을 적용해보면

$\sin C = \sin A \cos B$에서

$\dfrac{c}{2R} = \dfrac{a}{2R} \times \dfrac{a^2 + c^2 - b^2}{2ac}$

$2c^2 = a^2 + c^2 - b^2$

$\therefore b^2 + c^2 = a^2$ $\cdots\cdots$ ㉮

따라서 삼각형 ABC는 a가 빗변인 직각삼각형이므로 $\angle A = 90°$이고, $\overline{BC}$는 원의 지름이 된다.

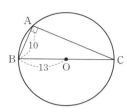

$\overline{AB} = 10$이라 하면

$\overline{AC} = \sqrt{26^2 - 10^2} = 24$

따라서 삼각형 ABC의 둘레의 길이는

$10 + 26 + 24 = 60$ $\cdots\cdots$ ㉯

채점 기준	배점
㉮ $b^2+c^2=a^2$ 구하기	3점
㉯ 답 구하기	3점

22 $l_n = \dfrac{1}{n(n+1)}$ $\cdots\cdots$ ㉮

$= \dfrac{1}{n} - \dfrac{1}{n+1}$

$\therefore \displaystyle\sum_{n=1}^{50} l_n$

$= \displaystyle\sum_{n=1}^{50}\left(\dfrac{1}{n} - \dfrac{1}{n+1}\right)$

$= \left(1 - \dfrac{1}{2}\right) + \left(\dfrac{1}{2} - \dfrac{1}{3}\right) + \left(\dfrac{1}{3} - \dfrac{1}{4}\right) + \cdots + \left(\dfrac{1}{50} - \dfrac{1}{51}\right)$ $\cdots\cdots$ ㉯

$= 1 - \dfrac{1}{51}$

$= \dfrac{50}{51}$ $\cdots\cdots$ ㉰

채점 기준	배점
㉮ l_n 구하기	3점
㉯ n에 1부터 50까지 대입하기	3점
㉰ 답 구하기	2점

23 함수 $y = \sqrt{x}$의 그래프가 지나는 x좌표와 y좌표가 모두 정수인 점은

$(1, 1), (4, 2), (9, 3), (16, 4), \cdots, (81, 9), (100, 10), \cdots$ $\cdots\cdots$ ㉮

함수 $y = \sqrt{x}$의 그래프가 지나는 정사각형에 적혀 있는 수는

$0 < x < 1$에서 1

$1 < x < 4$에서 3, 4, 5

$4 < x < 9$에서 7, 8, 9, 10, 11

$9 < x < 16$에서 13, 14, $\cdots$, 19

$\vdots$

$81 < x < 100$에서 91, 92, $\cdots$, 109 $\cdots\cdots$ ㉯

즉, 1부터 109까지의 수 중에서 2, 6, 12, 20, $\cdots$, 90을 제외한 수이다.

$$\therefore a_{100} = (1+2+3+\cdots+109)-(2+6+12+\cdots+90)$$
$$= \sum_{k=1}^{109} k - \sum_{k=1}^{9} (k^2+k)$$
$$= \frac{109 \times 110}{2} - \left(\frac{9 \times 10 \times 19}{6} + \frac{9 \times 10}{2} \right)$$
$$= 5995 - (285+45)$$
$$= 5665 \qquad \cdots\cdots \text{⬥}$$

채점 기준	배점
㉮ x좌표와 y좌표가 모두 정수인 점 구하기	2점
㉯ 그래프가 지나는 정사각형에 적혀 있는 수 구하기	2점
㉰ 답 구하기	4점

> **핵심 포인트**
>
> 2, 6, 12, 20, …의 일반항 구하기
> [방법 1] 규칙 찾기
> 1, 4, 9, 16, …은 1^2, 2^2, 3^2, 4^2, …이므로
> 2, 6, 12, 20, …은 1^2+1, 2^2+2, 3^2+3, 4^2+4, …
> 이와 같은 방법으로 규칙을 찾는다.
> [방법 2] 계차수열
> 2, 6, 12, 20, …의 일반항을 a_n이라 하고 계차수열을
> $\{b_n\}$이라 하면
> $\{b_n\}$: 4, 6, 8, …이므로
> $b_n = 4+(n-1) \times 2 = 2n+2$
> $$\therefore a_n = 2 + \sum_{k=1}^{n-1} b_k = 2 + \sum_{k=1}^{n-1} (2k+2)$$
> $$= 2 + 2 \times \frac{(n-1)n}{2} + 2(n-1)$$
> $$= n^2 + n$$

01
$$\frac{1-\sin\theta}{\cos\theta} + \frac{\cos\theta}{1-\sin\theta} = \frac{1-2\sin\theta+\sin^2\theta+\cos^2\theta}{\cos\theta(1-\sin\theta)}$$
$$= \frac{2(1-\sin\theta)}{\cos\theta(1-\sin\theta)}$$
$$= \frac{2}{\cos\theta}$$
$$= \frac{2}{\frac{1}{\sqrt{2}}}$$
$$= 2\sqrt{2}$$

02 $\sin\theta + \cos\theta = \dfrac{4}{3}$의 양변을 제곱하면
$$1+2\sin\theta\cos\theta = \frac{16}{9}$$
$$2\sin\theta\cos\theta = \frac{7}{9}$$
$$\therefore \sin\theta\cos\theta = \frac{7}{18}$$
$$\therefore \sin^3\theta+\cos^3\theta$$
$$= (\sin\theta+\cos\theta)(\sin^2\theta-\sin\theta\cos\theta+\cos^2\theta)$$
$$= \frac{4}{3} \times \left(1-\frac{7}{18}\right) = \frac{22}{27}$$

03 $\dfrac{\sqrt{\sin\theta}}{\sqrt{\cos\theta}} = -\sqrt{\tan\theta}$ 에서
$$\frac{\sqrt{\sin\theta}}{\sqrt{\cos\theta}} = -\sqrt{\frac{\sin\theta}{\cos\theta}}$$ 이므로
$\sin\theta > 0$, $\cos\theta < 0$, 즉 $1+\sin\theta > 0$, $\cos\theta - \sin\theta < 0$
$$\therefore |\sin\theta| - \sqrt{\cos^2\theta} + |1+\sin\theta| + \sqrt{(\cos\theta-\sin\theta)^2}$$
$$= \sin\theta + \cos\theta + (1+\sin\theta) - (\cos\theta-\sin\theta)$$
$$= 1 + 3\sin\theta$$

> **핵심 포인트**
>
> 두 실수 a, b에 대하여
> (1) $\sqrt{a}\sqrt{b} = -\sqrt{ab}$ 이면 $a<0$, $b<0$ 또는
> $a=0$ 또는 $b=0$
> (2) $\dfrac{\sqrt{a}}{\sqrt{b}} = -\sqrt{\dfrac{a}{b}}$ 이면 $a>0$, $b<0$ 또는
> $a=0$, $b \neq 0$

04 이차방정식의 근과 계수의 관계에 의하여
$$(\sin\theta+\cos\theta) + (\sin\theta-\cos\theta) = 1 \qquad \cdots\cdots ㉠$$
$$(\sin\theta+\cos\theta)(\sin\theta-\cos\theta) = a \qquad \cdots\cdots ㉡$$

㉠에서 $2\sin\theta = 1$ $\therefore \sin\theta = \dfrac{1}{2}$

㉡에서
$$a = \sin^2\theta - \cos^2\theta = 2\sin^2\theta - 1$$
$$= 2 \times \frac{1}{4} - 1 = -\frac{1}{2}$$

05 $10\theta=360°$에서 $5\theta=180°$이므로 점 P_n $(n=0, 1, 2, 3, 4)$은 점 P_{n+5}와 원점에 대하여 대칭이다.

즉, 점 P_n의 좌표를 (a, b)라 하면 점 P_{n+5}의 좌표는 $(-a, -b)$이므로

$$\sin n\theta=\frac{b}{1}=b, \ \sin (n+5)\theta=\frac{-b}{1}=-b$$

$$\therefore \sin n\theta+\sin (n+5)\theta=b+(-b)=0$$

$$\therefore \sin \theta+\sin 2\theta+\sin 3\theta+\cdots+\sin 10\theta$$
$$=(\sin \theta+\sin 6\theta)+(\sin 2\theta+\sin 7\theta)+\cdots$$
$$+(\sin 5\theta+\sin 10\theta)$$
$$=0$$

06 이차방정식 $2x^2-x+k=0$의 두 근이 $\sin\theta$, $\cos\theta$이므로 근과 계수의 관계에 의하여

$$\sin \theta+\cos \theta=\frac{1}{2} \qquad \cdots\cdots ㉠$$

$$\sin \theta\cos \theta=\frac{k}{2}$$

㉠의 양변을 제곱하면

$$1+2\sin \theta\cos \theta=\frac{1}{4}$$

$$\therefore \sin \theta\cos \theta=-\frac{3}{8} \qquad \cdots\cdots ㉡$$

즉, $\frac{k}{2}=-\frac{3}{8}$이므로 $k=-\frac{3}{4}$

한편, 이차방정식 $ax^2+bx+6=0$의 두 근이 $\tan\theta$, $\dfrac{1}{\tan\theta}$이므로 근과 계수의 관계에 의하여

$$\tan \theta+\frac{1}{\tan \theta}=-\frac{b}{a} \qquad \cdots\cdots ㉢$$

$$\tan \theta\times\frac{1}{\tan \theta}=\frac{6}{a}$$

$$1=\frac{6}{a}$$

$$\therefore a=6$$

㉢에서

$$\tan \theta+\frac{1}{\tan \theta}=\frac{\sin \theta}{\cos \theta}+\frac{\cos \theta}{\sin \theta}$$
$$=\frac{\sin^2 \theta+\cos^2 \theta}{\sin \theta\cos \theta}$$
$$=-\frac{8}{3} \ (\because ㉡)$$

즉, $-\dfrac{b}{a}=-\dfrac{8}{3}$이므로

$$b=\frac{8}{3}a=\frac{8}{3}\times 6=16$$

$$\therefore abk=6\times 16\times\left(-\frac{3}{4}\right)=-72$$

07 이차방정식 $2x^2+\cos \theta\times x+3\cos \theta\tan \theta=0$의 두 실근을 α, β라 하면 근과 계수의 관계에 의하여

$$\alpha+\beta=-\frac{\cos \theta}{2}$$

$$\alpha\beta=\frac{3\cos \theta\tan \theta}{2} \qquad \cdots\cdots ㉮$$

이때, 두 실근 α, β가 서로 다른 부호이고, 음수인 근의 절댓값이 양수인 근보다 커야 하므로

$$-\frac{\cos \theta}{2}<0, \ \frac{3\cos \theta\tan \theta}{2}<0$$

$$\therefore \cos \theta>0, \ \tan \theta<0 \qquad \cdots\cdots ㉯$$

따라서 θ는 제4사분면의 각이므로

$\sin \theta<0$이고, $\sin \theta-\cos \theta<0$

$$\therefore \sqrt{(\sin \theta-\cos \theta)^2}-|\sin \theta|=-(\sin \theta-\cos \theta)+\sin \theta$$
$$=\cos \theta \qquad \cdots\cdots ㉰$$

채점 기준	배점
㉮ $\alpha+\beta=-\dfrac{\cos \theta}{2}$, $\alpha\beta=\dfrac{3\cos \theta\tan \theta}{2}$ 구하기	2점
㉯ $\cos \theta>0$, $\tan \theta<0$ 구하기	2점
㉰ 답 구하기	2점

08 곡선 $y=\dfrac{4}{x}$ 위의 점 P의 좌표를 $\left(a, \dfrac{4}{a}\right)(a>0)$라 하면

$$\overline{OP}=\sqrt{a^2+\frac{16}{a^2}} \qquad \cdots\cdots ㉮$$

또 $\sin \theta=\dfrac{\frac{4}{a}}{\overline{OP}}$, $\cos \theta=\dfrac{a}{\overline{OP}}$이므로

$$\frac{1}{\sin \theta\cos \theta}=\frac{\overline{OP}^2}{4}=\frac{a^2+\frac{16}{a^2}}{4} \qquad \cdots\cdots ㉯$$

산술평균과 기하평균의 관계에 의하여

$$a^2+\frac{16}{a^2}\geq 2\sqrt{a^2\times\frac{16}{a^2}}=8 \ (단, 등호는 a=2일 때 성립한다.)$$

$$\therefore \frac{1}{\sin \theta\cos \theta}=\frac{a^2+\frac{16}{a^2}}{4}\geq\frac{8}{4}=2$$

따라서 $\dfrac{1}{\sin \theta\cos \theta}$의 최솟값은 2이다. $\qquad \cdots\cdots ㉰$

채점 기준	배점
㉮ $\overline{OP}$ 구하기	2점
㉯ $\dfrac{1}{\sin \theta\cos \theta}$ 구하기	3점
㉰ 답 구하기	3점

핵심 포인트

산술평균과 기하평균의 관계

$a>0$, $b>0$일 때,

$$\frac{a+b}{2}\geq\sqrt{ab} \ (단, 등호는 a=b일 때 성립)$$

[부록 2회] 삼각함수의 그래프

01 ①   **02** ⑤   **03** ③   **04** ④   **05** ②

06 ②   **07** $\dfrac{5}{6}\pi$ **08** -16

01 $y=2\cos x$의 최댓값은 2이므로 $a=2$

또 $y=2\cos x$의 주기는 2π이고 b는 주기의 $\dfrac{1}{4}$이므로 $\dfrac{\pi}{2}$,

c는 주기의 $\dfrac{3}{4}$이므로 $\dfrac{3}{2}\pi$이다.

$$\therefore \frac{b+c}{a}=\frac{\dfrac{\pi}{2}+\dfrac{3}{2}\pi}{2}=\pi$$

02 $b>0$이고 주어진 함수의 그래프에서 주기는

$\pi-\dfrac{\pi}{3}=\dfrac{2}{3}\pi$이므로

$\dfrac{\pi}{b}=\dfrac{2}{3}\pi$ $\therefore b=\dfrac{3}{2}$

따라서 주어진 그래프는 $y=a\tan\dfrac{3}{2}x$의 그래프를 x축의 방향

으로 $\dfrac{\pi}{3}$만큼 평행이동한 것이므로

$$y=a\tan\frac{3}{2}\left(x-\frac{\pi}{3}\right)$$
$$=a\tan\left(\frac{3}{2}x-\frac{\pi}{2}\right)$$

$\therefore c=\dfrac{\pi}{2}$

또 그래프가 점 $\left(\dfrac{\pi}{2},\ \dfrac{4}{3}\right)$를 지나므로

$\dfrac{4}{3}=a\tan\left(\dfrac{3}{2}\times\dfrac{\pi}{2}-\dfrac{\pi}{2}\right)=a\tan\dfrac{\pi}{4}=a$

$\therefore abc=\dfrac{4}{3}\times\dfrac{3}{2}\times\dfrac{\pi}{2}=\pi$

03 $\dfrac{\sin\left(\dfrac{\pi}{2}+\theta\right)}{\sin\left(\dfrac{\pi}{2}-\theta\right)\cos^2\theta}+\dfrac{\cos\left(\dfrac{3}{2}\pi+\theta\right)\tan^2(\pi-\theta)}{\sin(\pi+\theta)}$

$=\dfrac{\cos\theta}{\cos\theta\cos^2\theta}+\dfrac{\sin\theta\tan^2\theta}{-\sin\theta}$

$=\dfrac{1}{\cos^2\theta}-\tan^2\theta$

$=\dfrac{1-\sin^2\theta}{\cos^2\theta}$

$=\dfrac{\cos^2\theta}{\cos^2\theta}=1$

> **핵심 포인트**
>
> (1) $\sin\left(\dfrac{\pi}{2}+\theta\right)=\cos\theta$, $\sin\left(\dfrac{\pi}{2}-\theta\right)=\cos\theta$
>
> (2) $\cos\left(\dfrac{\pi}{2}+\theta\right)=-\sin\theta$, $\cos\left(\dfrac{\pi}{2}-\theta\right)=\sin\theta$

04 $y=\sin x-|\sin x|=\begin{cases} 0 & (\sin x\geq 0) \\ 2\sin x & (\sin x<0) \end{cases}$이므로

함수 $y=\sin x-|\sin x|$의 그래프는 그림과 같다.

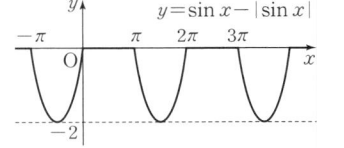

① 주기는 2π이다. (참)
② 최댓값은 0이다. (참)
③ 최솟값은 -2이다. (참)
④ 원점에 대하여 대칭이 아니다. (거짓)
⑤ 직선 $x=\dfrac{\pi}{2}$에 대하여 대칭이다. (참)

따라서 옳지 않은 것은 ④이다.

05 $y=-\sin^2 x+2\cos x+1$

$=-(1-\cos^2 x)+2\cos x+1$

$=\cos^2 x+2\cos x$

이때, $\cos x=t\ (-1\leq t\leq 1)$로 놓으면

$y=t^2+2t=(t+1)^2-1$

이므로 그래프는 그림과 같다.

그림에서

$t=1$일 때, 최댓값 $M=3$,

$t=-1$일 때, 최솟값 $m=-1$

$\therefore M-m=3-(-1)=4$

> **핵심 포인트**
>
> 이차식의 꼴로 주어진 삼각함수를 t로 치환하고 범위를 구한 후 그래프를 이용하여 최댓값과 최솟값을 구한다.

06 $a>0$이고 주어진 함수의 그래프에서 주기가 $2\left(\dfrac{3}{4}\pi-\dfrac{\pi}{4}\right)=\pi$이

므로

$\dfrac{2\pi}{a}=\pi$에서 $a=2$

즉, $y=\sin(2x+b)$이고 그래프가 점 $(0,\ -1)$을 지나므로

$-1=\sin b$

$\therefore b=-\dfrac{\pi}{2}$ ($\because -\pi<b<\pi$)

$\therefore ab=2\times\left(-\dfrac{\pi}{2}\right)=-\pi$

07

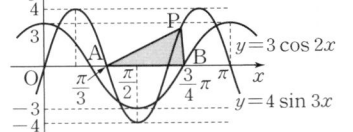
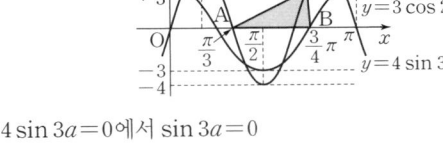
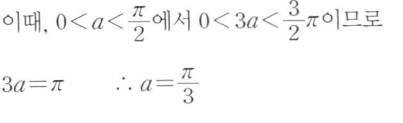

$4\sin 3a=0$에서 $\sin 3a=0$

이때, $0<a<\dfrac{\pi}{2}$에서 $0<3a<\dfrac{3}{2}\pi$이므로

$3a=\pi$ $\therefore a=\dfrac{\pi}{3}$

$3\cos 2b=0$에서 $\cos 2b=0$

이때, $\dfrac{\pi}{2}<b<\pi$에서 $\pi<2b<2\pi$이므로

$2b=\dfrac{3}{2}\pi$　　$\therefore b=\dfrac{3}{4}\pi$　　……㉮

즉, 두 점 A, B의 좌표는 각각 $A\left(\dfrac{\pi}{3},\,0\right)$, $B\left(\dfrac{3}{4}\pi,\,0\right)$이므로

$\overline{\mathrm{AB}}=\dfrac{5}{12}\pi$

이때, 점 P의 y좌표의 최댓값은 4이므로 삼각형 ABP의 넓이의 최댓값은

$\dfrac{1}{2}\times\dfrac{5}{12}\pi\times 4=\dfrac{5}{6}\pi$　　……㉯

채점 기준	배점
㉮ $a=\dfrac{\pi}{3}$, $b=\dfrac{3}{4}\pi$ 구하기	3점
㉯ 답 구하기	3점

08 $f(x)=a\sin x-b$, $g(x)=-2x+1$에서
$(g\circ f)(x)=g(f(x))$
$\qquad\quad=-2f(x)+1$
$\qquad\quad=-2(a\sin x-b)+1$
$\qquad\quad=-2a\sin x+2b+1$　　……㉮

이때, $a>0$에서 $-2a<0$이고
최댓값이 13이므로 $2a+2b+1=13$
$\therefore a+b=6$　　……㉠
최솟값이 -19이므로 $-2a+2b+1=-19$
$\therefore a-b=10$　　……㉡
㉠, ㉡을 연립하여 풀면
$a=8$, $b=-2$　　……㉯
$\therefore ab=-16$　　……㉰

채점 기준	배점
㉮ $(g\circ f)(x)=-2a\sin x+2b+1$ 구하기	3점
㉯ $a=8$, $b=-2$ 구하기	3점
㉰ 답 구하기	2점

[부록 3회] 삼각함수의 그래프

01 $2\sin^2 x=1-\cos x$, 즉 $2\sin^2 x+\cos x-1=0$에서
$\quad 2(1-\cos^2 x)+\cos x-1=0$
$\quad 2\cos^2 x-\cos x-1=0$
$\quad (2\cos x+1)(\cos x-1)=0$
$\therefore \cos x=-\dfrac{1}{2}$ 또는 $\cos x=1$

$0\le x\le 2\pi$에서 함수 $y=\cos x$의 그래프와 두 직선 $y=-\dfrac{1}{2}$, $y=1$은 그림과 같다.

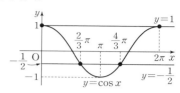

교점의 x좌표를 구하면
$\cos x=-\dfrac{1}{2}$에서 $x=\dfrac{2}{3}\pi$ 또는 $x=\dfrac{4}{3}\pi$
$\cos x=1$에서 $x=0$ 또는 $x=2\pi$
따라서 모든 근의 합은
$\dfrac{2}{3}\pi+\dfrac{4}{3}\pi+0+2\pi=4\pi$

02 방정식 $3\cos\pi x=\dfrac{1}{2}|x-1|$의 실근은 함수 $y=3\cos\pi x$의

그래프와 직선 $y=\dfrac{1}{2}|x-1|$의 교점의 x좌표와 같다.

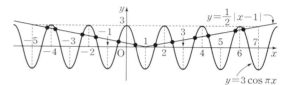

그림에서 교점의 개수가 12이므로 주어진 방정식의 실근의 개수는 12이다.

03 주어진 이차방정식이 실근을 가지려면 판별식을 D라 할 때, $D\ge 0$이어야 한다.
$\dfrac{D}{4}=(-2)^2-\left\{5\tan^2\left(\theta-\dfrac{\pi}{6}\right)-1\right\}\ge 0$

$5\tan^2\left(\theta-\dfrac{\pi}{6}\right)\le 5$, $\tan^2\left(\theta-\dfrac{\pi}{6}\right)\le 1$

$\therefore -1\le\tan\left(\theta-\dfrac{\pi}{6}\right)\le 1$

$\theta-\dfrac{\pi}{6}=t$로 놓으면 $-1\le\tan t\le 1$

$-\dfrac{\pi}{2}<\theta<\dfrac{\pi}{2}$에서 $-\dfrac{2}{3}\pi<t<\dfrac{\pi}{3}$

이 범위에서 함수 $y=\tan t$의 그래프와 두 직선 $y=-1$, $y=1$은 그림과 같다.

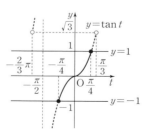

교점의 t좌표를 구하면
$\tan t=-1$에서 $t=-\dfrac{\pi}{4}$
$\tan t=1$에서 $t=\dfrac{\pi}{4}$

이므로 $-1 \le \tan t \le 1$을 만족하는 t의 값의 범위는

$$-\frac{\pi}{4} \le t \le \frac{\pi}{4}$$

즉, $-\frac{\pi}{4} \le \theta - \frac{\pi}{6} \le \frac{\pi}{4}$이므로

$$-\frac{\pi}{12} \le \theta \le \frac{5}{12}\pi$$

04 $\sin^2\left(x+\frac{\pi}{2}\right)+2\sin x+k \le 0$에서

$\cos^2 x+2\sin x+k \le 0$

$(1-\sin^2 x)+2\sin x+k \le 0$

$\therefore \sin^2 x-2\sin x-k-1 \ge 0$

$\sin x=t \ (-1 \le t \le 1)$로 놓으면

$t^2-2t-k-1 \ge 0$

이 부등식이 모든 실수 x에 대하여 성립하려면 $-1 \le t \le 1$에서 함수 $y=t^2-2t-k-1$의 최솟값이 0보다 크거나 같아야 한다.

즉, $y=(t-1)^2-k-2$에서 $t=1$일 때 최소이므로

$-k-2 \ge 0$

$\therefore k \le -2$

05 $2\cos^2 x-\cos x-1=k$에서

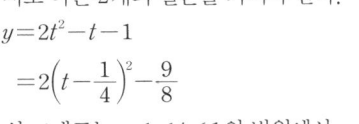

$\cos x=t \ (-1<t<1)$로 놓으면

$2t^2-t-1=k$는 $-1<t<1$에서

서로 다른 2개의 실근을 가져야 한다.

$y=2t^2-t-1$

$\quad =2\left(t-\frac{1}{4}\right)^2-\frac{9}{8}$

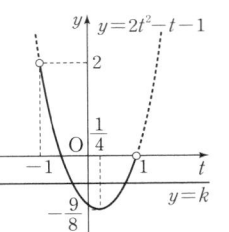

의 그래프는 $-1<t<1$의 범위에서

그림과 같으므로 함수 $y=2t^2-t-1$의 그래프와 직선 $y=k$가

서로 다른 두 점에서 만나기 위한 k의 값의 범위는

$$-\frac{9}{8}<k<0$$

$\therefore \alpha=-\frac{9}{8}, \ \beta=0$

$\therefore \beta-\alpha=\frac{9}{8}$

> **핵심 포인트**
>
> 삼각방정식 $f(x)=k$의 서로 다른 실근의 개수는 함수 $y=f(x)$의 그래프와 직선 $y=k$의 그래프의 서로 다른 교점의 개수와 같다.

06 $\pi\cos x=t$로 놓으면

$0 \le x \le \frac{3}{2}\pi$에서 $-1 \le \cos x \le 1$이므로

$-\pi \le t \le \pi$

이 범위에서 $\cos t=0$을 만족하는 t의 값은

$t=-\frac{\pi}{2}$ 또는 $t=\frac{\pi}{2}$

즉, $\pi\cos x=-\frac{\pi}{2}$ 또는 $\pi\cos x=\frac{\pi}{2}$이므로

$\cos x=-\frac{1}{2}$ 또는 $\cos x=\frac{1}{2}$

$0 \le x \le \frac{3}{2}\pi$에서 이를 만족하는 x의 값은

$x=\frac{\pi}{3}$ 또는 $x=\frac{2}{3}\pi$ 또는 $x=\frac{4}{3}\pi$

$\therefore \theta_1+\theta_2+\theta_3=\frac{7}{3}\pi$

> **핵심 포인트**
>
> $\cos(ax+b)=k \ (a, \ b$는 상수$)$ 꼴의 식은 $ax+b=t$로 치환한 후 t의 값의 범위에 주의하여 삼각방정식을 푼다.

07 $0<x<\frac{3}{2}\pi$에서 함수 $y=\cos 2x$의 그래프와 직선 $y=p$는 그림과 같다.

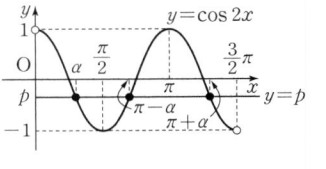

교점의 x좌표를 구하면

$x=\alpha$ 또는 $x=\pi-\alpha$ 또는 $x=\pi+\alpha\left($단, $0<\alpha<\frac{\pi}{2}\right)$

즉, $k=\alpha+(\pi-\alpha)+(\pi+\alpha)=2\pi+\alpha$이므로

$\cos k=\cos(2\pi+\alpha)=\cos\alpha=\frac{1}{2}$

$\therefore \alpha=\frac{\pi}{3}\left(\because 0<\alpha<\frac{\pi}{2}\right)$

따라서 $k=2\pi+\frac{\pi}{3}$이므로 ······ ㉮

$2\left(\sin\frac{k}{2}-\cos\frac{k}{2}\right)=2\left\{\sin\left(\pi+\frac{\pi}{6}\right)-\cos\left(\pi+\frac{\pi}{6}\right)\right\}$

$\qquad =2\left(-\sin\frac{\pi}{6}+\cos\frac{\pi}{6}\right)$

$\qquad =2\left(-\frac{1}{2}+\frac{\sqrt{3}}{2}\right)$

$\qquad =\sqrt{3}-1$ ······ ㉯

채점 기준	배점
㉮ k의 값 구하기	3점
㉯ 답 구하기	3점

08 $2\cos^2\left(x-\frac{\pi}{3}\right)-5\cos\left(x+\frac{\pi}{6}\right) \ge 4$에서

$x-\frac{\pi}{3}=t$로 놓으면 $x=t+\frac{\pi}{3}$이므로

$x+\frac{\pi}{6}=t+\frac{\pi}{3}+\frac{\pi}{6}=t+\frac{\pi}{2}$

즉, 주어진 부등식은

$2\cos^2 t-5\cos\left(t+\frac{\pi}{2}\right) \ge 4$ ······ ㉮

$2(1-\sin^2 t)+5\sin t \ge 4$

$2\sin^2 t-5\sin t+2 \le 0$

$(2\sin t-1)(\sin t-2) \le 0$

$\therefore \frac{1}{2} \le \sin t \le 1 \ (\because -1 \le \sin t \le 1)$ ······ ㉠

이때, $0 \le x \le 2\pi$에서 $-\frac{\pi}{3} \le t \le \frac{5}{3}\pi$

이 범위에서 $y=\sin t$의 그래프와 두 직선 $y=\dfrac{1}{2}$, $y=1$은 그림과 같다.

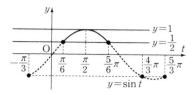

교점의 t좌표를 구하면

$t=\dfrac{\pi}{6}$ 또는 $t=\dfrac{5}{6}\pi$

즉, 부등식 ㉠의 해는 $\dfrac{\pi}{6}\le t\le\dfrac{5}{6}\pi$ ...... ㉮

$\therefore \dfrac{\pi}{2}\le x\le\dfrac{7}{6}\pi$

따라서 x의 최댓값은 $\dfrac{7}{6}\pi$이다. ...... ㉯

채점 기준	배점
㉮ $2\cos^2 t-5\cos\left(t+\dfrac{\pi}{2}\right)\ge 4$ 구하기	3점
㉯ $\dfrac{\pi}{6}\le t\le\dfrac{5}{6}\pi$ 구하기	3점
㉰ 답 구하기	2점

[부록 4회] 수학적 귀납법

01~08 풀이 참조

---

01 (i) $n=1$일 때, (좌변)$=1$, (우변)$=\dfrac{1\times 2}{2}=1$이므로

주어진 등식이 성립한다. ...... ㉮

(ii) $n=k$일 때, $1+2+3+\cdots+k=\dfrac{k(k+1)}{2}$이 성립한다고

가정하고 양변에 $k+1$을 더하면

$1+2+3+\cdots+k+k+1=\dfrac{k(k+1)}{2}+k+1$

$\qquad=\dfrac{k(k+1)+2(k+1)}{2}$

$\qquad=\dfrac{(k+1)(k+2)}{2}$ ...... ㉯

즉, $n=k+1$일 때도 주어진 등식이 성립한다.

(i), (ii)에서 모든 자연수 n에 대하여 주어진 등식이 성립한다.

채점 기준	배점
㉮ $1=\dfrac{1\times 2}{2}$임을 보이기	2점
㉯ $1+2+3+\cdots+k+1=\dfrac{(k+1)(k+2)}{2}$임을 보이기	2점

명제 $p(n)$이 모든 자연수 n에 대하여 성립함을 증명하려면 다음 (i), (ii)를 보이면 된다.

(i) $n=1$일 때, 명제 $p(n)$이 성립한다.

(ii) $n=k$일 때, 명제 $p(n)$이 성립한다고 가정하면,

$n=k+1$일 때도 명제 $p(n)$이 성립한다.

이와 같은 증명 방법을 수학적 귀납법이라고 한다.

---

02 $1^2+2^2+3^2+\cdots+n^2=\dfrac{n(n+1)(2n+1)}{6}$ ...... ㉠

(i) $n=1$일 때,

(좌변)$=1^2=1$, (우변)$=\dfrac{1\times(1+1)(2\times1+1)}{6}=1$

따라서 ㉠이 성립한다. ...... ㉮

(ii) $n=k$일 때, ㉠이 성립한다고 가정하면

$1^2+2^2+3^2+\cdots+k^2=\dfrac{k(k+1)(2k+1)}{6}$

이 식의 양변에 $(k+1)^2$을 더하면

$1^2+2^2+3^2+\cdots+k^2+(k+1)^2$

$=\dfrac{k(k+1)(2k+1)}{6}+(k+1)^2$

$=\dfrac{(k+1)(k+2)(2k+3)}{6}$

$=\dfrac{(k+1)\{(k+1)+1\}\{2(k+1)+1\}}{6}$ ...... ㉯

따라서 $n=k+1$일 때도 ㉠이 성립한다.

(i), (ii)에 의하여 등식 ㉠은 모든 자연수 n에 대하여 성립한다.

채점 기준	배점
㉮ $1^2=\dfrac{1\times(1+1)(2\times1+1)}{6}$임을 보이기	2점
㉯ $1^2+2^2+\cdots+(k+1)^2$ $=\dfrac{(k+1)\{(k+1)+1\}\{2(k+1)+1\}}{6}$임을 보이기	2점

---

03 (i) $n=1$일 때,

(좌변)$=1^3=1$, (우변)$=\left(\dfrac{1\times2}{2}\right)^2=1$

따라서 주어진 등식이 성립한다. ...... ㉮

(ii) $n=k$일 때, 주어진 등식이 성립한다고 가정하면

$1^3+2^3+3^3+\cdots+k^3=\left\{\dfrac{k(k+1)}{2}\right\}^2$

이 식의 양변에 $(k+1)^3$을 더하면

$1^3+2^3+3^3+\cdots+k^3+(k+1)^3$

$=\left\{\dfrac{k(k+1)}{2}\right\}^2+(k+1)^3$

$=\left(\dfrac{k+1}{2}\right)^2\{k^2+4(k+1)\}$

$=\left\{\dfrac{(k+1)(k+2)}{2}\right\}^2$ ...... ㉯

따라서 $n=k+1$일 때도 주어진 등식이 성립한다.

(i), (ii)에 의하여 주어진 등식은 모든 자연수 n에 대하여 성립한다.

채점 기준	배점
㉮ $1^3=\left(\dfrac{1\times2}{2}\right)^2$임을 보이기	2점
㉯ $1^3+2^3+\cdots+(k+1)^3=\left\{\dfrac{(k+1)(k+2)}{2}\right\}^2$임을 보이기	2점

04 $1+3+3^2+\cdots+3^{n-1}=\dfrac{1}{2}(3^n-1)$ ...... ㉠

(i) $n=1$일 때,

(좌변)$=1$, (우변)$=\dfrac{1}{2}(3-1)=1$

따라서 ㉠이 성립한다. ......㉮

(ii) $n=k$일 때, ㉠이 성립한다고 가정하면

$1+3+3^2+\cdots+3^{k-1}=\dfrac{1}{2}(3^k-1)$

양변에 3^k을 더하면

$1+3+3^2+\cdots+3^{k-1}+3^k=\dfrac{1}{2}(3^k-1)+3^k$

$=\dfrac{1}{2}(3^k-1+2\times3^k)$

$=\dfrac{1}{2}(3\times3^k-1)$

$=\dfrac{1}{2}(3^{k+1}-1)$ ......㉯

따라서 $n=k+1$일 때도 ㉠이 성립한다.

(i), (ii)에 의하여 등식 ㉠은 모든 자연수 n에 대하여 성립한다.

채점 기준	배점
㉮ $1=\dfrac{1}{2}(3-1)$임을 보이기	2점
㉯ $1+3+3^2+\cdots+3^k=\dfrac{1}{2}(3^{k+1}-1)$임을 보이기	2점

05 $(1+h)^n>1+nh$ ...... ㉠

(i) $n=2$일 때,

(좌변)$=1+2h+h^2>1+2h=$(우변) $(\because h>0)$

따라서 ㉠이 성립한다. ......㉮

(ii) $n=k$ $(k\geq2)$일 때, ㉠이 성립한다고 가정하면

$(1+h)^k>1+kh$

이 식의 양변에 $(1+h)$를 곱하면

$(1+h)^{k+1}>(1+kh)(1+h)$

그런데

$(1+kh)(1+h)=1+(k+1)h+kh^2>1+(k+1)h$

이므로

$(1+h)^{k+1}>1+(k+1)h$ ......㉯

따라서 $n=k+1$일 때도 ㉠이 성립한다.

(i), (ii)에 의하여 부등식 ㉠은 $n\geq2$인 모든 자연수 n에 대하여 성립한다.

채점 기준	배점
㉮ $1+2h+h^2>1+2h$임을 보이기	2점
㉯ $(1+h)^{k+1}>1+(k+1)h$임을 보이기	3점

$n\geq a$ (a는 2 이상의 자연수)인 경우

수학적 귀납법은 모든 자연수 n에 대한 성질을 증명할 때 뿐만 아니라 $n\geq a$인 모든 자연수 n에 대한 명제 $p(n)$이 성립함을 증명할 때도 사용된다.

이 경우 다음 두 가지 사실을 보이면 된다.

(i) $n=a$일 때, 명제 $p(n)$이 성립한다.

(ii) $n=k$ $(k\geq a)$일 때, 명제 $p(n)$이 성립한다고 가정하면, $n=k+1$일 때도 명제 $p(n)$이 성립한다.

06 (i) $n=4$일 때,

(좌변)$=16$, (우변)$=16$이므로 주어진 부등식이 성립한다. ......㉮

(ii) $n=k$ $(k\geq4)$일 때,

주어진 부등식이 성립한다고 하면

$2^k\geq k^2$

이 식의 양변에 2를 곱하면 $2^{k+1}\geq2k^2$이고,

$2k^2-(k+1)^2=2k^2-(k^2+2k+1)$

$=k^2-2k-1$

$=(k-1)^2-2>0$ $(\because k\geq4)$

$\therefore 2^{k+1}>(k+1)^2$ ......㉯

따라서 $n=k+1$일 때에도 주어진 부등식이 성립한다.

(i), (ii)에 의하여 주어진 부등식은 $n>3$인 모든 자연수 n에 대하여 성립한다.

채점 기준	배점
㉮ $2^4\geq4^2$임을 보이기	2점
㉯ $2^{k+1}>(k+1)^2$임을 보이기	3점

07 $1+\dfrac{1}{2}+\dfrac{1}{3}+\cdots+\dfrac{1}{n}>\dfrac{2n}{n+1}$ ...... ㉠

(i) $n=2$일 때,

(좌변)$=1+\dfrac{1}{2}=\dfrac{3}{2}$, (우변)$=\dfrac{4}{3}$

즉, $\dfrac{3}{2}>\dfrac{4}{3}$이므로 ㉠이 성립한다. ......㉮

(ii) $n=k$ $(k\geq2)$일 때, ㉠이 성립한다고 가정하면

$1+\dfrac{1}{2}+\dfrac{1}{3}+\cdots+\dfrac{1}{k}>\dfrac{2k}{k+1}$

이 식의 양변에 $\dfrac{1}{k+1}$을 더하면

$1+\dfrac{1}{2}+\dfrac{1}{3}+\cdots+\dfrac{1}{k}+\dfrac{1}{k+1}>\dfrac{2k}{k+1}+\dfrac{1}{k+1}$ ......㉯

그런데

$\left(\dfrac{2k}{k+1}+\dfrac{1}{k+1}\right)-\dfrac{2(k+1)}{(k+1)+1}$

$=\dfrac{2k+1}{k+1}-\dfrac{2k+2}{k+2}$

$=\dfrac{(2k+1)(k+2)-(2k+2)(k+1)}{(k+1)(k+2)}$

$=\dfrac{k}{(k+1)(k+2)}>0$

이므로 $\dfrac{2k}{k+1}+\dfrac{1}{k+1}>\dfrac{2(k+1)}{(k+1)+1}$

$\therefore 1+\dfrac{1}{2}+\dfrac{1}{3}+\cdots+\dfrac{1}{k}+\dfrac{1}{k+1}>\dfrac{2(k+1)}{(k+1)+1}$ ······㉐

따라서 $n=k+1$일 때도 ㉠이 성립한다.

(i), (ii)에 의하여 부등식 ㉠은 $n\geq2$인 모든 자연수 n에 대하여 성립한다.

채점 기준	배점
㉮ $1+\dfrac{1}{2}>\dfrac{4}{3}$임을 보이기	2점
㉯ 부등식 $1+\dfrac{1}{2}+\dfrac{1}{3}+\cdots+\dfrac{1}{k+1}>\dfrac{2k}{k+1}+\dfrac{1}{k+1}$ 세우기	2점
㉰ $1+\dfrac{1}{2}+\dfrac{1}{3}+\cdots+\dfrac{1}{k+1}>\dfrac{2(k+1)}{(k+1)+1}$임을 보이기	2점

08 $1+\dfrac{1}{2^2}+\dfrac{1}{3^2}+\cdots+\dfrac{1}{n^2}<2-\dfrac{1}{n}$ ······㉠

(i) $n=2$일 때, (좌변)$=1+\dfrac{1}{2^2}=\dfrac{5}{4}$, (우변)$=2-\dfrac{1}{2}=\dfrac{3}{2}$

따라서 부등식 ㉠이 성립한다. ······㉮

(ii) $n=k\,(k\geq2)$일 때, 부등식 ㉠이 성립한다고 가정하면

$1+\dfrac{1}{2^2}+\dfrac{1}{3^2}+\cdots+\dfrac{1}{k^2}<2-\dfrac{1}{k}$

이 식의 양변에 $\dfrac{1}{(k+1)^2}$을 더하면

$1+\dfrac{1}{2^2}+\dfrac{1}{3^2}+\cdots+\dfrac{1}{k^2}+\dfrac{1}{(k+1)^2}<2-\dfrac{1}{k}+\dfrac{1}{(k+1)^2}$
······㉯

그런데

$\left\{-\dfrac{1}{k}+\dfrac{1}{(k+1)^2}\right\}-\left(-\dfrac{1}{k+1}\right)=-\dfrac{1}{k(k+1)^2}<0$

이므로

$2-\dfrac{1}{k}+\dfrac{1}{(k+1)^2}<2-\dfrac{1}{k+1}$ ······㉰

$\therefore 1+\dfrac{1}{2^2}+\dfrac{1}{3^2}+\cdots+\dfrac{1}{k^2}+\dfrac{1}{(k+1)^2}<2-\dfrac{1}{k+1}$

따라서 $n=k+1$일 때도 부등식 ㉠이 성립한다.

(i), (ii)에서 $n\geq2$인 자연수 n에 대하여 부등식 ㉠이 성립한다.

채점 기준	배점
㉮ $1+\dfrac{1}{2^2}<2-\dfrac{1}{2}$임을 보이기	2점
㉯ 부등식 $1+\dfrac{1}{2^2}+\dfrac{1}{3^2}+\cdots+\dfrac{1}{(k+1)^2}<2-\dfrac{1}{k}+\dfrac{1}{(k+1)^2}$ 세우기	3점
㉰ $1+\dfrac{1}{2^2}+\dfrac{1}{3^2}+\cdots+\dfrac{1}{(k+1)^2}<2-\dfrac{1}{k+1}$임을 보이기	3점

memo

memo

memo

memo

memo

■ 2학년 1학기 기말고사

01회

| 01 ① | 02 ③ | 03 ② | 04 ⑤ | 05 ① | 06 ③ | 07 ⑤ | 08 ④ | 09 ② | 10 ④ | 11 ① | 12 ⑤ | 13 ④ | 14 ③ |

15 ⑤ 16 ③ 17 ② 18 ④ 19 $\dfrac{\sqrt{10}}{4}$ 20 243 21 $\dfrac{450}{11}$ 22 19 23 54

02회

| 01 ④ | 02 ② | 03 ② | 04 ③ | 05 ⑤ | 06 ③ | 07 ③ | 08 ① | 09 ④ | 10 ⑤ | 11 ② | 12 ② | 13 ④ | 14 ① |

15 ① 16 ⑤ 17 ③ 18 ④ 19 2 20 ∠B＝90°인 직각삼각형 21 4 22 6 23 31

03회

| 01 ② | 02 ② | 03 ④ | 04 ⑤ | 05 ③ | 06 ① | 07 ② | 08 ⑤ | 09 ④ | 10 ① | 11 ④ | 12 ② | 13 ⑤ | 14 ③ |

15 ① 16 ④ 17 ② 18 ① 19 10 20 $\dfrac{1}{2}$ 21 $\dfrac{\sqrt{57}}{3}$ 22 660 23 50

04회

| 01 ① | 02 ③ | 03 ② | 04 ④ | 05 ⑤ | 06 ④ | 07 ③ | 08 ② | 09 ③ | 10 ④ | 11 ⑤ | 12 ② | 13 ③ | 14 ⑤ |

15 ① 16 ④ 17 ② 18 ③ 19 $\dfrac{15\sqrt{3}}{4}$ 20 729 21 5 22 11 23 50

05회

| 01 ② | 02 ① | 03 ④ | 04 ③ | 05 ⑤ | 06 ④ | 07 ④ | 08 ③ | 09 ① | 10 ② | 11 ③ | 12 ④ | 13 ① | 14 ⑤ |

15 ② 16 ⑤ 17 ③ 18 ① 19 24 20 $b＝c$인 이등변삼각형 21 5 22 303 23 $\dfrac{81}{55}$

06회

| 01 ③ | 02 ② | 03 ① | 04 ⑤ | 05 ⑤ | 06 ② | 07 ④ | 08 ④ | 09 ⑤ | 10 ③ | 11 ① | 12 ③ | 13 ④ | 14 ② |

15 ⑤ 16 ② 17 ① 18 ④ 19 제10항 20 9 21 8 22 10 23 4

07회

| 01 ⑤ | 02 ③ | 03 ⑤ | 04 ① | 05 ② | 06 ⑤ | 07 ④ | 08 ④ | 09 ④ | 10 ② | 11 ② | 12 ① | 13 ⑤ | 14 ② |

15 ③ 16 ④ 17 ④ 18 ③ 19 8 20 $\dfrac{1}{2}$ 21 645 22 610 23 750

아름다운 샘 BOOK LIST

개념기본서 — 수학의 기본을 다지는 최고의 수학 개념기본서

❖ 수학의 샘

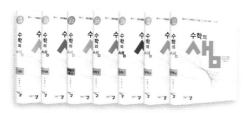

- 수학(상)
- 수학(하)
- 수학 I
- 수학 II
- 확률과 통계
- 미적분
- 기하

문제기본서 — {기본, 유형}, {유형, 심화}로 구성된 수준별 문제기본서

❖ 아샘 Hi Math

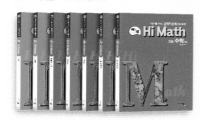

- 수학(상)
- 수학(하)
- 수학 I
- 수학 II
- 확률과 통계
- 미적분
- 기하

❖ 아샘 Hi High

- 수학(상)
- 수학(하)
- 수학 I
- 수학 II
- 확률과 통계
- 미적분

예비 고1 교재 — 고교 수학의 기본을 다지는 참 쉬운 기본서

❖ 그래 할 수 있어

- 수학(상)
- 수학(하)

단기 특강 교재 — 유형을 다지는 단기특강 교재

❖ 10&2

- 수학(상)
- 수학 I
- 수학(하)
- 수학 II

수능 기출유형 문제집 — 수능 대비하는 수준별·유형별 문제집

❖ 짱 쉬운 유형

[2009 교육과정]
- 수학 II
- 미적분 I
- 미적분 II
- 확률과 통계
- 기하와 벡터

[2015 교육과정]
- 수학(상)
- 수학(하)
- 수학 I
- 수학 II
- 확률과 통계
- 미적분

❖ 짱 중요한 유형

[2009 교육과정]
- 수학 II
- 미적분 I
- 미적분 II
- 확률과 통계
- 기하와 벡터

[2015 교육과정]
- 수학(상)
- 수학(하)
- 수학 I
- 수학 II
- 확률과 통계
- 미적분

❖ 짱 어려운 유형

[2009 교육과정]
- 수학 II
- 미적분 I
- 미적분 II
- 확률과 통계
- 기하와 벡터

[2015 교육과정] – 19년 11월 출간 예정
- 수학 I
- 수학 II
- 확률과 통계
- 미적분

수능 실전모의고사 — 수능 대비 파이널 실전모의고사

❖ 짱 Final 실전모의고사

- 수학 가형
- 수학 나형

중간·기말고사 교재 — 학교 시험 대비 문제집

❖ 아샘 내신 FINAL (고1 수학 / 고2 수학 I)

- 1학기 중간고사
- 1학기 기말고사
- 2학기 중간고사
- 2학기 기말고사

펴낸이/펴낸곳 (주)아름다운샘

펴낸날 2019년 5월

등록번호 제324-2013-41호

주소 서울시 강동구 성안로 156, 우주빌딩 6F

전화 02-892-7878

팩스 02-892-7874

값 8,800원

ISBN 979-11-87820-61-1